Gutes für den Pferderücken

2004

Christoph Rieser

Gutes für den Pferderücken

Der passende Sattel für Pferd und Reiter

CADMOS

Gestaltung und Satz: Ravenstein + Partner, Verden
Titelfoto: Lothar Lenz
Fotos: Dr. Jochen Becker, Anneke Bosse, Lothar Lenz,
Christoph Rieser, Christiane Slawik
Zeichnungen: Maria Mähler, Christoph Rieser
Lektorat: Anneke Bosse
Druck: Westermann Druck, Zwickau

Printed in Germany

ISBN 978-386127-453-7

Inhalt

Einleitung

Den Reitern eine Orientierungshilfe für die richtige Sattelwahl zu geben, ist das Anliegen dieses Buches. Reiteinsteiger und ambitionierte Freizeitreiter, aber auch Turnierreiter werden wertvolle Tipps finden, wie mit dem richtigen Sattel eine optimale Verbindung zwischen Reiter und Pferd hergestellt werden kann. Motiviert haben mich vor allem die Pferde. Sie haben alle einen passenden Sattel verdient. Außerdem bleiben sie langfristig nur dann leistungsfähig, wenn sie sich unter dem Sattel wohlfühlen.

Das Pferd hat keinen Schmerzlaut. Es kann sich nicht lautstark melden, wenn der Sattel drückt. Hinzu kommt die unterschiedliche Empfindlichkeit der Pferde: Manche Pferde reagieren schon auf kleine Unstimmigkeiten in der Passform des Sattels. Andere Pferde laufen Monate oder Jahre unter einem nicht passenden Sattel und zeigen keinerlei negative Reaktionen. Das macht eine Einschätzung der Gesamtsituation schwer.

Neben dem Sattel ist der Reiter der größte Unsicherheitsfaktor, wenn es um das Wohlbefinden des Pferdes beim Reiten geht. Wie sich Reiter und Pferd gemeinsam entwickeln, hängt von der Motivation des Reiters und den Einflüssen des reiterlichen Umfeldes ab. Gutes Reiten kann man sich nicht erkaufen, man muss es erlernen. Es ist wichtig, sich mit den verschiedenen Ausbildungsmethoden und Reitweisen auseinanderzusetzen, damit jeder seinen eigenen Weg finden und sich an den kontinuierlichen Fortschritten erfreuen kann.

Durch die verschiedenen Möglichkeiten, mit dem Pferd umzugehen und zu kommunizieren, eröffnen sich jedem Reiter immer wieder neue Blickwinkel. Im Zuge der reiterlichen Weiterentwicklung wird sich immer klarer zeigen, wann der Reiter und sein Pferd sich wohlfühlen. Dazu gehört auch die Erfahrung, dass es Sättel gibt, unter denen sich das eigene Pferd lockerer und zufriedener bewegt als unter anderen Sattelmodellen. Auf der anderen Seite sitzt der Reiter auf manchen Sätteln bequem, fühlt sich auf einigen anderen hingegen überhaupt nicht wohl. Durch genaue Beobachtung dieser Erfahrungswerte kann sich der Reiter an den für ihn und sein Pferd optimalen Satteltyp herantasten.

Die natürlichste Art des Reitens ist das Reiten ohne Sattel. Es fördert die Balance des Reiters und lässt ihn die Bewegung des Pferdes am intensivsten und unverfälscht spüren. Viele Reiter haben noch nie auf einem blanken Pferderücken gesessen oder sind über einen längeren Zeitraum ohne Sattel geritten.

Jeder Reiter sollte auch mal ohne Sattel reiten und das unmittelbare Gefühl auf dem Pferderücken kennenlernen. (Foto: Lenz)

Dabei wird man deutlicher die Nähe, Wärme und Bewegung des Pferdes wahrnehmen und eventuell auch schon feststellen, welchen Vorteil ein Sattel bieten kann.

Für die Sitzschulung und das Fördern der Balance ist das Reiten ohne Sattel hervorragend geeignet, denn der Reiter wird automatisch über den Schwerpunkt des Pferdes gesetzt. Bei dem Versuch, sich nach hinten zu setzen, rutscht der Reiter in der Bewegung nach vorn. Wenn er zu weit vorn sitzt, rutscht er nach hinten. Es kann keine Diskussion über den Schwerpunkt geben, denn der Reiter folgt bei seiner Bewegung den Gesetzen der Physik.

Bedingt durch die Pferderückenbreite sitzt der Reiter ohne Sattel immer im Stuhlsitz. Bei einem sehr breiten Pferd ist es unmöglich, die Beine nach hinten zu nehmen, um sie gerade hinunterhängen zu lassen. Indem der Reiter die Beine anhebt und die Knie nach oben zieht, ergibt sich eine bequemere und erträgliche Sitzposition.

Reiten ohne Sattel ist für das Pferd nicht schädlich. Der Reiter sitzt nicht nur auf seinem Hintern, sondern die Oberschenkel tragen einen erheblichen Teil der Last. Außerdem wird der Reiter ohne Sattel bei längeren Ritten intuitiv seine Sitzposition leicht variieren und so die Muskulatur bei sich selbst und beim Pferd entlasten. Dadurch kommt es nicht zur Überbelastung oder gar einem „Reiterdruck" auf dem Pferderücken.

Sportliches Reiten, Langstreckenritte oder Ritte mit Gepäck sind ohne die Verwendung eines passenden Sattels nicht möglich. Der Sattel bietet hier Sicherheit und Komfort für den Reiter und einen angenehmen Tragekomfort für das Pferd.

Ich möchte Sie einladen, sich mit mir durch den Satteldschungel zu bewegen. Die Beschäftigung mit dem Thema und meine Hinweise werden hoffentlich dazu führen, dass Sie sensibel und kompetent den richtigen Sattel für Ihr Pferd und für sich selbst als Reiter finden. Für die Zukunft wünsche ich Ihnen und Ihrem Pferd viele schöne Stunden mit einem passenden Sattel.

Christoph Rieser
im August 2008

Die historische Entwicklung des Sattels

Aus dem vierten Jahrhundert v. Chr. stammt dieses Relief auf einer Amphore, das einen Skythen beim Fesseln seines gesattelten Pferdes zeigt. (Foto: Archiv Rieser)

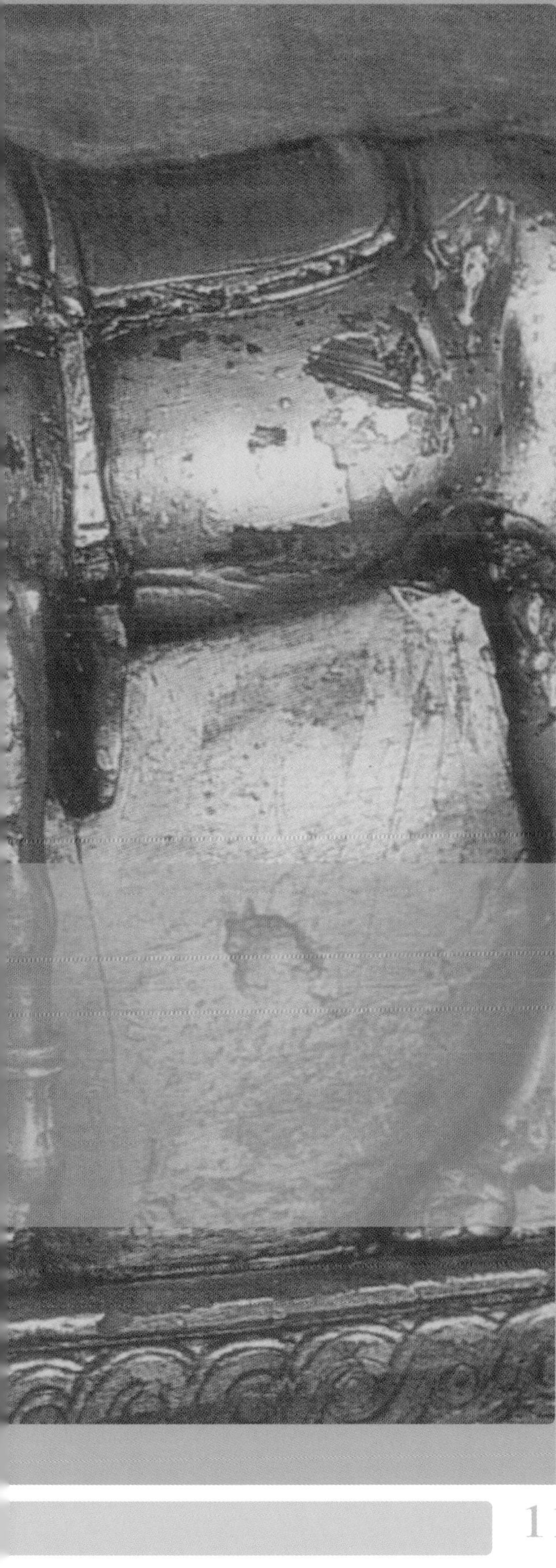

Bei allen Erfindungen des Menschen im Laufe der Jahrtausende ging es stets um die folgenden Aspekte: Überleben, Funktionalität, Zweckmäßigkeit, Bequemlichkeit und Nutzen. Bei der Konstruktion des Sattels war dies nicht anders.

Vom blanken Pferderücken zur Reitunterlage

Als der Mensch begann, das Pferd zu domestizieren, setzte er sich zunächst ohne Sattel auf seinen Rücken. Um die Bequemlichkeit zu erhöhen, folgte irgendwann der Einsatz einer Reitunterlage in Form eines Fells oder einer Decke. Es machte auch Sinn, die Unterlage mit einem Gurt oder Strick zu verschnüren und auf dem Pferderücken zu fixieren.

Damit die Sitzhilfe noch bequemer wurde, fing der Mensch an, die Unterlagen zu polstern und eine Art Kissen auf dem Pferd zu befestigen. Eine entscheidende Weiterentwicklung der Kissen in Richtung Sattel war das Teilen in eine rechte und linke Kissentragfläche. So entstand der „Kissensattel", der eine gewisse Wirbelsäulenfreiheit für das Pferd bietet.

Bei allen Kulturkreisen rund um die Welt ist historisch belegt, dass früher oder später in, auf oder unter die Kissen tragfähige Gerüste montiert wurden. Damit war der „Sattelbaum" geboren. Die Versteifung der Konstruktion als Tragegerüst hatte bestimmte Vorteile, die sich der reitende Mensch zunutze machte.

Vorteile des Sattelbaums

- Mehr Sicherheit
- Bessere Möglichkeiten der Befestigung von Ausrüstungsgegenständen
- Mehr Tragekomfort für das Pferd
- Ermöglichung einer feineren Hilfengebung und Einwirkung

Die ältesten noch erhaltenen Sättel oder Sattelfragmente mit Holzversteifungen stammen von dem großen reiternomadischen Volk der Skythen, die 800 bis 300 v. Chr. ihre Blütezeit hatten. Ihr großes Reich erstreckte sich vom Schwarzen Meer über den Kaukasus, Kasachstan und die Mongolei bis nach Nordchina (eurasischer Steppengürtel).

Der Sattelbaum entwickelte sich in den verschiedenen Kulturen und Epochen nach dem gleichen Grundbauprinzip: Rechts und links der Wirbelsäule gab es mehr oder weniger große Tragflächen, die vorn und hinten auf verschiedenste Weise miteinander verbunden wurden.

Wie unterschiedlich diese Konstruktionen auch heute zum Teil noch aussehen, zeigen einige Beispiele von Sattelbäumen aus verschiedenen Ländern.

Man kann annehmen, dass die meisten Sattelentwicklungen einen kriegerischen Hintergrund haben. Gesattelte Pferde spielten immer eine große Rolle bei kriegerischen Auseinandersetzungen. Eine Übersicht über die historischen Entwicklungen würde den Rahmen dieses Buches sprengen. Deshalb soll es genügen, einen Armeesattel vom Beginn des 20. Jahrhunderts genauer anzuschauen und dann die Weiterentwicklung bis zu den heutigen Turnier- und Freizeitsätteln zu beleuchten.

Der Armeesattel 25

Der Armeesattel 25 hat seinen Ursprung in den Armeesätteln des 19. Jahrhunderts. Seine Entwicklung erstreckt sich über die Zeit von 1905 bis 1945. Er kam im Ersten und Zweiten Weltkrieg zum Einsatz und wurde in fünf Größen in Deutschland gebaut. Der Aufbau gleicht dem vieler Armeesättel aus anderen Ländern:

- Großflächig tragende Sattelbaumformen
- Breite flächige Kissen
- Sehr breiter Wirbelsäulenkanal
- Sitzposition und Ausarbeitung des Sitzes nicht unbedingt bequem und dressurtauglich

Viele dieser Armeesättel sind auch heute noch im Freizeit- oder Wanderreitbereich im Einsatz. Für die Pferde bieten sie bei entsprechender Passform einen großen Tragekomfort, wobei die Größe der Auflagefläche nicht dazu führen darf, dass das Pferd in der Bewegung eingeschränkt oder behindert wird. Auf den Komfort für den Reiter wurde bei diesem

Der Armeesattel 25: funktional, aber nicht unbedingt bequem. (Foto: Lenz)

Bauprinzip verschiedener Sattelbäume

Maurischer Sattelbaum

Ungarischer Sattelbaum

Portugiesischer Sattelbaum

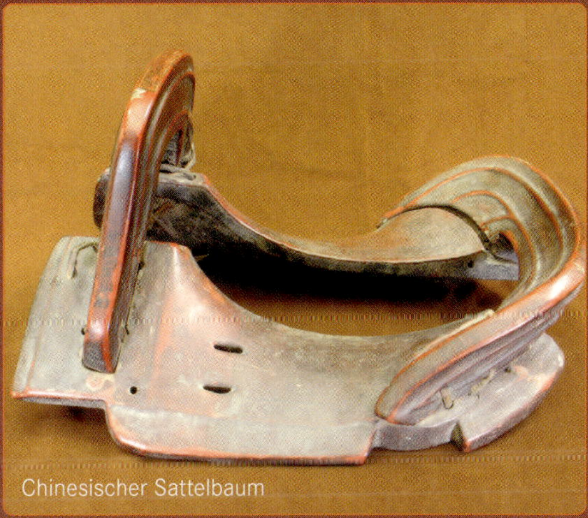
Chinesischer Sattelbaum

Barocker Sattelbaum

Sattelbaum der nordamerikanischen Ureinwohner

(Fotos: Rieser)

Der Autor im Jahr 1965 mit Isländerstute Flicka, die einen Armeesattel trägt.

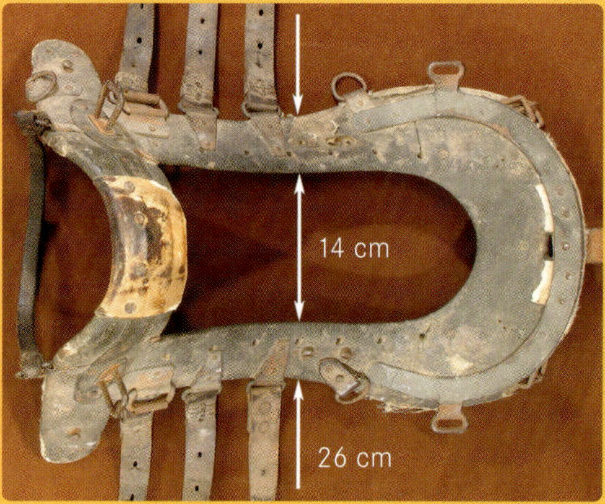

Armeesattelbaum 25 mit breitem Wirbelsäulenkanal und breiten Auflageflächen.

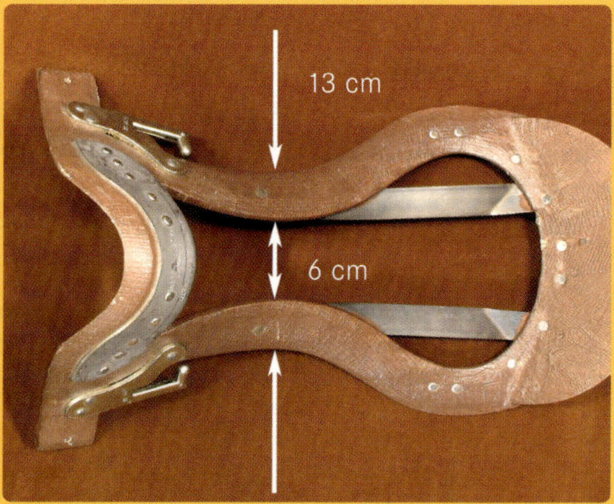

Bei diesem Englischsattelbaum zeigt sich deutlich die starke Taillierung, die eine Verengung des Wirbelsäulenkanals mit sich bringt. (Fotos: Rieser)

Satteltyp weniger Rücksicht genommen, er war für „Attacken“ ausgelegt und konstruiert.

Für sportliches Reiten war der Armeesattel 25 aufgrund seiner Klobigkeit sowie der fehlenden Pferderückennähe des Reiters nicht geeignet. Mit Aufkommen der ländlichen Turniere in den 1950er- und 1960er-Jahren begannen verschiedene Sattelhersteller in Deutschland, in Anlehnung an den „Englischen Sattel“ und an die leichteren „Armee-Offizierssättel“, Sättel beziehungsweise Sattelbäume für diesen neuen Markt zu entwickeln. Der Urtyp des sogenannten „Englischsattels“ war bereits gegen Ende des 17. Jahrhunderts in England aus dem Jagdsattel entstanden. Im Laufe dieser Entwicklung wurden die Sattelbäume in ihrer Auflagefläche reduziert und stärker tailliert, das heißt, der Wirbelsäulenkanal wurde verengt, und damit ihrer Tragfähigkeit beraubt.

Moderne Sportsättel

Die englischen Sportsättel, wie sie heute noch zum Einsatz kommen und gebaut werden, haben sicher ihre volle Berechtigung. Entwickelt wurden sie für den kurzen, sportlich orientierten Einsatz. Pferde und Reiter sind durchtrainiert und auf ihrem Gebiet Profis.

Beim normalen Freizeitreiter und dessen Pferd macht sich die geringe Auflagefläche dieser „Hochleistungssättel“ allerdings negativ bemerkbar.

Die deutschen Sattelbaumentwicklungen orientierten sich an dem „Englischen Jagdsattel“, an seinem Nachfolger, dem „Englischsattel“, sowie an den militärischen Einflüssen. Sie brachten in den 1950er- und 1960er-Jahren eine neue Sattelbaumgeneration hervor. Die Maße der Bäume richteten sich nach den im Sport eingesetzten Warmblütern. Die Sattelbäume, die zum großen Teil auch heute noch in gleicher Art produziert und für den Aufbau von Sätteln benutzt werden, sind in ihrer Tragfähigkeit

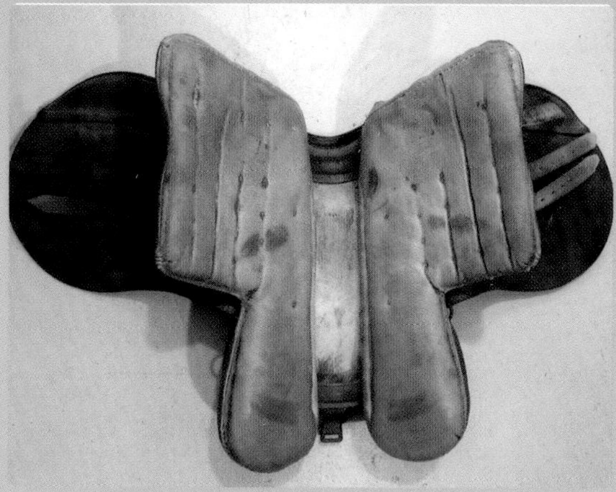

Der Baum des Armeesattels 25 hat sehr breite Kissen mit großer Auflagefläche.

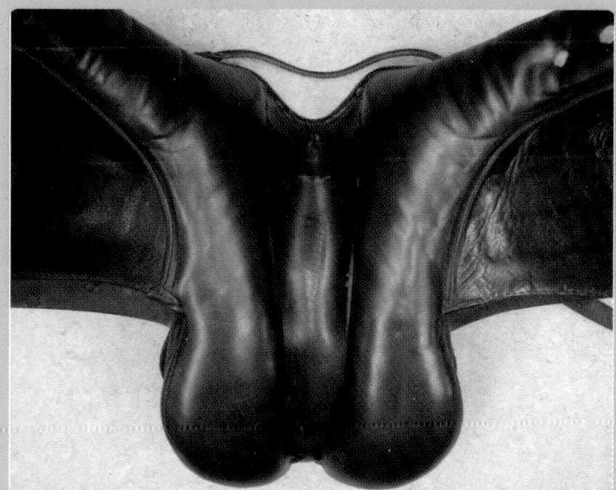

Bei diesem Dressursattel sticht die schmale Auflagefläche ins Auge.

Dieser Westernsattel hat eine große abgerundete Skirtauflage. (Fotos: Rieser)

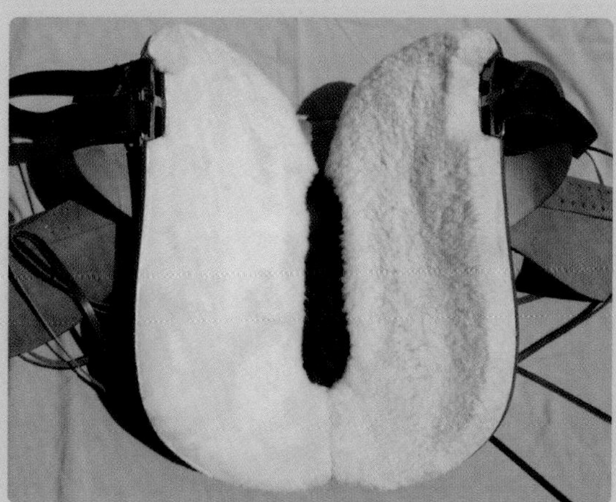

durch die sehr schmale Bauweise stark eingeschränkt. Für Belastungen über mehrere Stunden oder größere Distanz sind sie nicht konzipiert und konstruiert worden.

Bedenkt man, in welcher Zeit diese Sattelbäume entwickelt wurden und welcher Wandel sich seitdem in der Pferde- und Reiterwelt vollzogen hat, so wundert es nicht, dass sie den heutigen Pferden und ihrer Nutzung nur noch zu einem geringen Teil gerecht werden. Speziell in den 1970er-Jahren kamen Pferde diverser Rassen nach Europa und Deutschland, die es hier zuvor nicht gegeben hatte – vom Islandpferd über das Quarter Horse bis hin zum Berber. Die Besitzer und Reiter dieser „neuen" Pferde begannen, sich mit den verschiedenen Reitweisen auseinanderzusetzen, und im Laufe der Jahrzehnte entwickelten sich die jeweils entsprechenden Turnierszenen.

Die ursprünglich für Warmblüter und Vollblüter entwickelten Sattelbäume sind nicht dazu geeignet, für die so entstandene Reitweisenvielfalt beziehungsweise die dazu verwendeten Rassen eingesetzt zu werden. Hinzu kommt, dass mittlerweile eine stärkere Vielfalt der Pferderückenformen innerhalb einer Rasse auch bei den Warmblütern festzustellen ist. Man darf sich deshalb nicht wundern, dass sich zum Beispiel der Westernsattel gerade im Freizeitbereich so stark etablieren konnte, obwohl in »Old Germany« kaum ein Reiter Rinder treibt.

Vergleichen wir die Tragfähigkeit und Auflagefläche der verschiedenen Sattelbäume, so lassen sich gravierende Unterschiede feststellen: Bei den sportlich entwickelten Sattelbäumen wurde die Auflagefläche durch die Taillierung der Bäume genau im maximal belasteten Bereich des Pferderückens deutlich reduziert. Dies führt zu einem von vielen Reitern als angenehmer empfundenen Sitz, und die kleinere Auflagefläche führt dazu, dass die Reiterhilfen direkter aufs Pferd übertragen werden – allerdings zulasten des Pferdes. Hier ist eine Rückbesinnung im Interesse der Gesunderhaltung des Pferdes unbedingt erforderlich.

Heutige Funktionen des Sattels

Der Sattel ist der wichtigste Ausrüstungsgegenstand, der auf das Pferd, den Reiter und den Verwendungszweck sowie den Einsatzbereich abgestimmt sein sollte. Passform und Konstruktion sind von entscheidender Bedeutung für das Wohlbefinden und die erforderliche Bewegungsfreiheit des Pferdes. Für den Reiter stellt sich in etwa die gleiche Erwartung an Bequemlichkeit, Sitzpositionierung und Sicherheit des Sattels für den gewünschten Einsatzbereich. Außerdem muss ein Sattel dem individuell unterschiedlichen Körperbau von Pferd und Reiter gerecht werden.

Allgemein hat ein Sattel folgende Funktionen zu erfüllen:

- Der Sattel soll den Pferderücken entlasten, indem er das Reitergewicht (eventuell sogar mit Gepäck) auf eine große Fläche verteilt.
- Der Sattel soll das Pferd in seiner Bewegung nicht behindern.
- Der Reiter soll so dicht wie möglich am Pferderücken platziert werden, und die Sitzausformung soll dem Reiter helfen, über dem Schwerpunkt des Pferdes zu sitzen.
- Der Sitz soll für den Reiter nicht zu breit, nicht zu lang oder zu kurz sein. Der Oberschenkelbereich soll eine Mulde bilden, um die korrekte Schenkellage zu sichern.
- Das Sitzprofil des Sattels soll tief und gerundet sein, der Reiter soll sicher, ermüdungsfrei und entspannt auf dem Pferd platziert werden.

Sättel können viele Funktionen haben – zum Beispiel auch die, Gepäck zu transportieren – und müssen jeweils entsprechend konstruiert sein. (Foto: Rieser)

- Der Sattel soll die für jedes Reiten erforderliche Gymnastizierung und dressurmäßige Förderung des Pferdes begünstigen und nicht behindern.
- Der Sattel soll in seiner Funktion auf den jeweiligen Einsatzbereich optimal abgestimmt sein.
- Der Sattel soll haltbar sein und eine lange Lebensdauer garantieren.
- Die Passform des Sattels sollte auf die sich im Leben des Pferdes ändernde Anatomie anzupassen sein.

Durch die Konzeption und Ausführung des Sattels soll dem Reiter geholfen werden, die jeweiligen Anforderungen des gewünschten reiterlichen Einsatzbereiches problemlos zu meistern und der Dynamik des Pferdes zu folgen.

Der Sattel als Teil einer Gesamtheit

(Foto: Slawik)

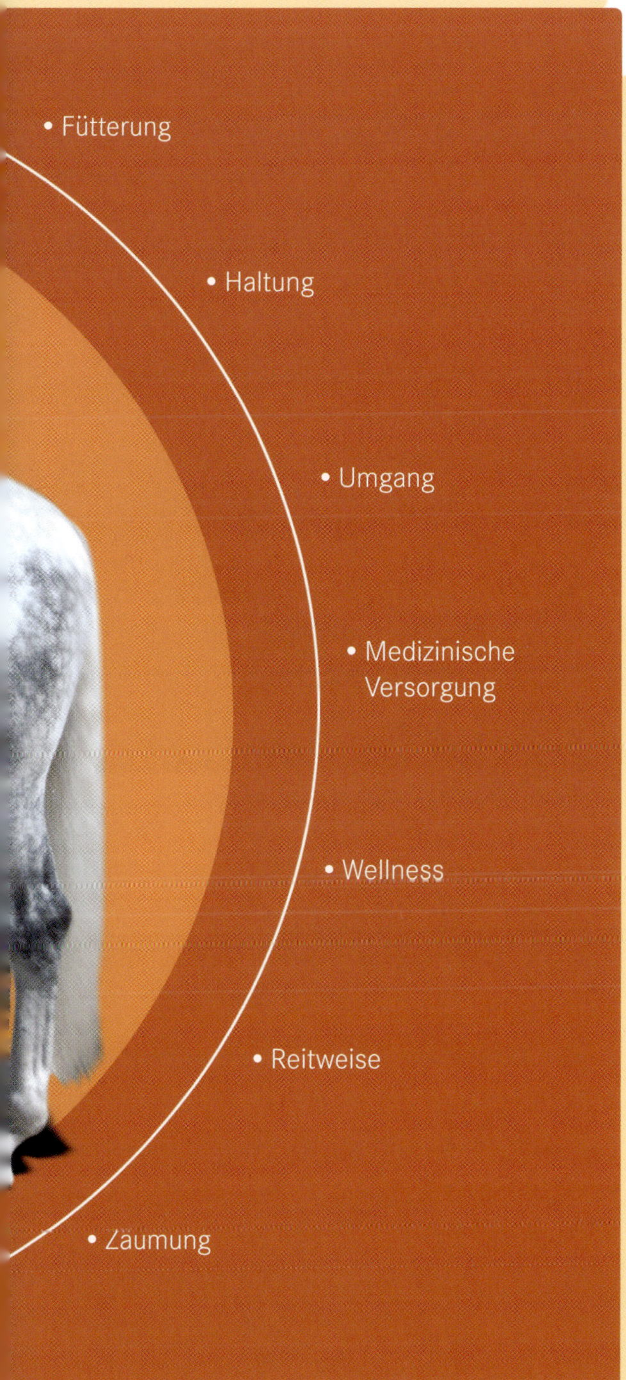

Die Grafik verdeutlicht: Alle einzelnen aufgeführten Punkte zusammen tragen dazu bei, das Reitpferd möglichst lange gesund zu erhalten. Dazu ist es notwendig, dass sich der Pferdebesitzer in Theorie und Praxis kontinuierlich weiterschult – nur dann ist pferdegerechtes Handeln möglich, das jedem, der mit Pferden umgeht, schon aus ethischen Gründen eine Pflicht sein sollte. Je größer die Kompetenz, desto angenehmer wird es für den Partner Pferd und desto mehr Freude wird der Mensch an seinem Pferd haben.

Der Pferderücken

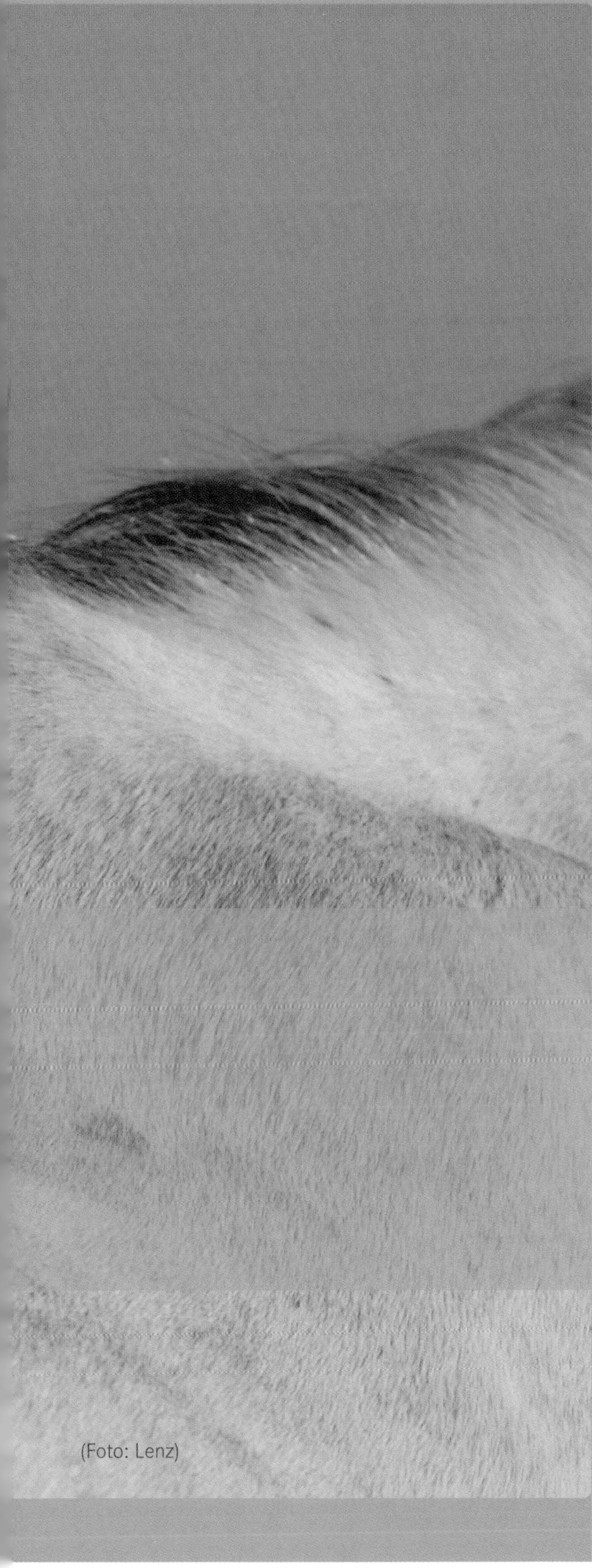
(Foto: Lenz)

Der Pferderücken ist – kaum verwunderlich – die zentrale Körperregion im Hinblick auf die Passform eines Sattels und seine Auswirkungen auf die Gesundheit des Pferdes. Kenntnisse über die anatomischen Strukturen sind wichtig, um die Sattellage beurteilen und so einen passenden Sattel finden zu können.

Die Wirbelsäule

Der für den Sattel entscheidende Abschnitt der Wirbelsäule ist die Brust- und Lendenwirbelsäule mit den entsprechenden Knochen, Gelenken, Bändern, Muskeln, Nerven und Sehnen. Der Rücken lässt sich funktional nicht von den anderen Skelettteilen wie Kopf, Hals, Schulter und Gliedmaßen trennen. Insbesondere die Vorder- und Hinterbeine stehen mit dem Rücken in einer engen Verbindung, indem sie ähnlich einer Brückenkonstruktion Stützen bilden.

Um die Gesamtzusammenhänge dieser beweglichen Brückenkonstruktion zu verstehen, müssen wir die gesamte Wirbelsäule von Kopf bis Schweif in unsere Betrachtungen einbeziehen. Die Wirbelsäule besteht aus Wirbeln unterschiedlicher Form und Größe und wird in Hals-, Brust-, Lenden-, Kreuz- und Schweifwirbelsäule eingeteilt. Die Wirbel sind untereinander mit Wirbelgelenken und Bändern verbunden. Die Bandscheiben dazwischen haben eine stoßdämpfende Wirkung.

Die 18 Brustwirbel stehen fester zueinander als die sieben Halswirbel – deshalb ist der Pferdehals wesentlich beweglicher. Dafür ist die Brustwirbelsäule, die zum Teil gelenkig und über Muskulatur mit den Rippen verbunden ist, sehr viel stabiler. Dies liefert die Basis für die Belastbarkeit dieses Wirbelsäulenabschnitts durch den Sattel und den Reiter.

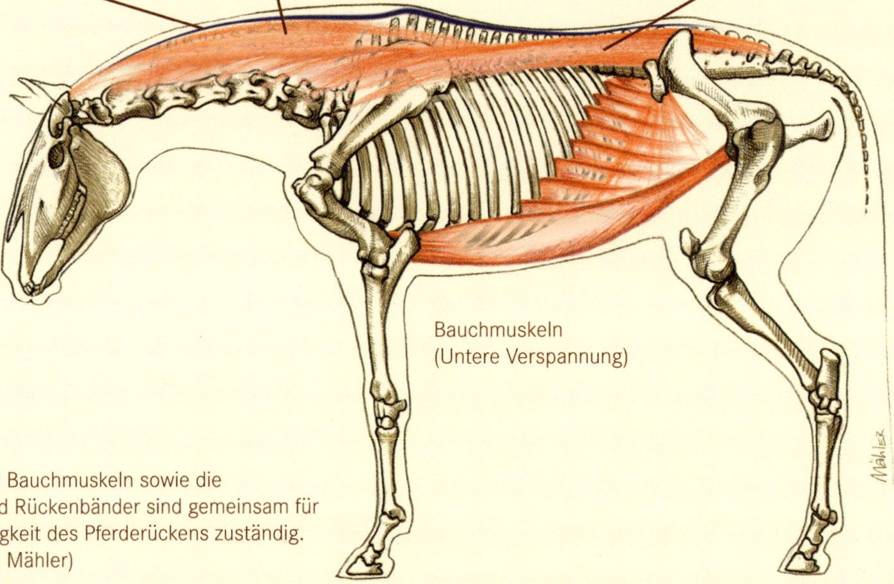

Rücken und Bauchmuskeln sowie die Nacken- und Rückenbänder sind gemeinsam für die Tragfähigkeit des Pferderückens zuständig. (Zeichnung: Mähler)

Eine größere Beweglichkeit als die Brustwirbelsäule bietet die meist aus sechs Wirbeln bestehende Lendenwirbelsäule. Schweifwärts anschließend folgt das Kreuzbein, das mit der Verbindung zum Darmbein ein kleines, sehr stabiles und für das Reiten wichtiges Gelenk bildet. Von hier aus wird die enorme Schub- und Tragkraft der Hinterhand auf die Wirbelsäule und den Hals übertragen.

Die Bänder und Muskeln

Paarig verlaufen rechts und links der Wirbelsäule als obere Verspannung der Wirbel das Nacken- und das Rückenband, deren elastisch sehnige Struktur festigend wirkt. Das Nackenband läuft vom Genick der Oberhalskontur entsprechend bis zum Widerrist, das Rückenband über Widerrist-, Brust- und Lendenwirbelsäule bis zum Kreuzbein. Vom Widerrist nach vorn laufen fächerförmig Muskeln und Bänder, die für die Aufhängung und die Beweglichkeit von Hals und Kopf zuständig sind.

Im Widerrist- und Schulterbereich befindet sich eine sensible „Verteilerzentrale“ verschiedener Muskeln und Bänder. Dieser sensible Bereich sollte deshalb für die Sattellage besonders analysiert und beachtet werden.

Die Kraft für die Bewegung des Pferdes liefert die Muskulatur, die durch gezieltes Training gestärkt werden kann. Für die Nutzung des Pferdes zum Reiten ist eine ausgeprägte, auf das Reitergewicht vorbereitete Muskulatur erforderlich.

Bei Überbelastung zeigen sich Verspannungen, Muskelkater und Schmerzen. Die Regeneration ist beein-

Die hier durch einen Reflex ausgelöste Aufwölbung des Rückens zeigt, dass dabei insbesondere auch die Bauchmuskeln gefragt sind. (Foto: Lenz)

trächtigt und die Dehnfähigkeit geht verloren. Es kommt nicht zum Aufbau, sondern zur Schädigung und zum Abbau der Muskulatur.

Der lange Rückenmuskel, der in Segmente gegliedert ist, erstreckt sich paarig rechts und links der Wirbelsäule vom siebten Halswirbel bis zum Kreuzbein und Becken des Pferdes. Diese verbindende, ineinander übergehende Einheit der Muskulatur vom Kopf bis zur Hinterhand lässt erkennen, wie wichtig das Verstehen der Gesamtzusammenhänge für die Nutzung des Pferdes ist. Wird das empfindliche Zusammenspiel der Muskeln und Bänder gestört, muss das Pferd erst wieder seine Losgelassenheit finden, um sich auch in der vom Reiter geforderter Körperhaltung mit Schwung und Versammlung leicht bewegen zu können.

Ist der lange Rückenmuskel besonders stark ausgebildet und trainiert, liegen die Wirbelsäule beziehungsweise die Enden der Dornfortsätze in einer „Mulde“. Das ist häufig bei kräftigen Pferden und Kaltblütern zu beobachten.

Die Bauchmuskulatur bildet die untere Verspannung. Sie stellt eine stabilisierende Verbindung von Brustkorb und Becken her. Das Zusammenziehen dieser Muskeln bewirkt ein Aufwölben des Rückens und ist für das Reiten und die Gesunderhaltung des Pferdes von großer Bedeutung.

Die Definition der Sattellage beim Pferd

Betrachten wir die verschiedenen Pferderassen und -typen, so stellen wir schnell fest, dass die Rückenformen selbst innerhalb einer Rasse sehr unterschiedlich ausfallen können. Die Sattellage lässt sich trotzdem bei jedem Pferd definieren und sollte genau analysiert werden. Eine entscheidende Rolle spielen hier der Schulterblattknorpel sowie Ausprägung und Ansätze der Muskeln. Ebenso ist dem Rückenverlauf im Lendenwirbelbereich eine besondere Aufmerksamkeit zu widmen. Wenn Passformprobleme auftreten, sind meist Schulter- oder Lendenwirbelbereich betroffen.

Die wichtigsten Faktoren zur Beurteilung der Sattellage

- Winkelung der Schulter
- Breite des Pferdes hinter dem Schulterblatt
- Widerristwinkelung hinter dem Schulterblatt
- Widerristverlauf nach vorn zum Hals
- Widerristverlauf nach hinten zum Brust- und Lendenwirbelbereich
- Winkelung des Lendenwirbelbereichs zur Hüfte
- Rippenwölbung und Verlauf der gesamten Oberlinie des Pferdes
- Gurtlagenbereich und Unterlinienverlauf des Pferdes
- Ansätze und Ausprägung der verschiedenen Muskeln

Beurteilung verschiedener Sattellagen beim Pferd

Pferd mit starker Rückenwölbung und Schräge im Lendenwirbelbereich.

Überbautes Pferd mit leicht gewölbtem Oberlinienverlauf und konischem Rumpf.

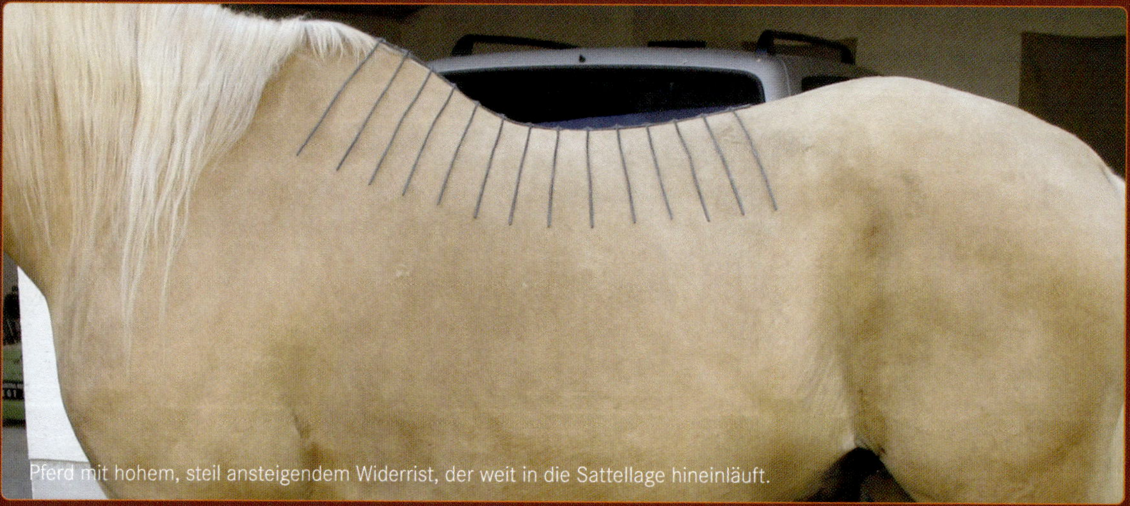

Pferd mit hohem, steil ansteigendem Widerrist, der weit in die Sattellage hineinläuft.

Pferd mit langem, geradem Rückenverlauf.

Pferd mit deutlich abgesenkter Oberlinie.

Pferd mit ausgewogener Sattellage und leichter Schräge im Lendenwirbelbereich.

(Fotos: Rieser)

Veränderungen des Pferderückens

Bei einem jungen Pferd sind bis zum siebten Lebensjahr stärkere Veränderungen seiner Rückenform durch das noch nicht abgeschlossene Skelettwachstum und die noch unvollständige Muskelbildung normal und erwünscht. In dieser Zeit sollte der Sattel jährlich auf seine Passform hin überprüft werden. Auch bei gezieltem Training dauert es einige Monate, bis ein deutlicher Muskelaufbau stattgefunden hat. Dieser Prozess lässt sich auch durch intensives Training nicht beschleunigen.

Bei diesem Pferd sind die Rippen deutlich sichtbar – es ist eindeutig zu dünn. (Foto: Bosse)

Auch bei ausgewachsenen Pferden sorgen verschiedene Faktoren dafür, dass die Rückenform nicht absolut konstant bleibt. So verändert das Pferd durch das wechselnde Futterangebot im Laufe der Jahreszeiten seine Muskulatur und Figur mehr oder weniger stark. Außerdem nutzen viele Reiter ihre Pferde unterschiedlich intensiv, sodass sich die Ausbildung der Muskulatur ständig den Anforderungen anpasst. Ändern sich die Haltungsbedingungen und die Nutzung des Pferdes nicht allzu gravierend, sollte ein korrekt angepasster Sattel diese Unterschiede kompensieren.

Muskelschwund ist bei Pferden über 20 Jahre normal, sollte aber durch entsprechendes Futterangebot im Rahmen gehalten werden. Mit zunehmendem Alter oder auch bei Zuchtstuten senkt sich der Rücken nach unten ab. Stärkerer Muskelverlust kann auch durch Stress (Stallwechsel, ungünstige Gruppenhaltung, Bewegungsmangel durch Boxenhaltung), Futterumstellung und Stoffwechselstörungen entstehen.

Pferde, die zum Beispiel wegen eines zu geringen Rau- und Kraftfutterangebots abmagern, verlieren schnell ihre Muskulatur. Erkennbar ist dies an den deutlich sichtbaren Rippenbögen.

Ein Muskelaufbau lässt sich hier nicht durch intensives Reiten oder Gymnastizieren herbeiführen, solange die Fütterung nicht angepasst wird. Die Pferde haben in diesem „nicht tragbaren“ Zustand keine Reserven und werden durch die Trainingsbelastung eher noch mehr abmagern. Bei unklarem Gewichtsverlust sollte ein Tierarzt hinzugezogen werden. Diagnostik ist gefragt: Sind die Zähne in Ordnung? Ist das Blutbild auffällig? Liegt ein Wurmbefall vor? Gesundheit und ein solider Futterzustand sind Voraussetzungen für das Training und die Reitnutzung des Pferdes.

Einem schwach bemuskelten mageren Pferd sollte man keinen Sattel und erst recht keinen Reiter zumuten. Es ist unreitbar, selbst wenn es einen in diesem Zustand passenden Sattel trägt, da dieser aufgrund der fehlenden Muskel- und Fettpolster schnell auf knöcherne Strukturen drückt.

Ein Ausmessen des Pferderückens sollte erst nach Verbesserung des Futterzustandes erfolgen. Großflächiger Muskelschwund in der kompletten Sattellage kann auch durch eine zu kleine Auflagefläche eines herkömmlichen Englischsattels hervorgerufen werden.

Der Einfluss des Reiters

Der lange Rückenmuskel dient der Fortbewegung des Pferdes und ist eigentlich nicht zum Tragen des Reitergewichts konzipiert. Er dient normalerweise als Rumpfstrecker. Er stabilisiert die Wirbelsäule und bewirkt, dass der Schub aus der Hinterhand vom Körper aufgenommen werden kann. Wird er durch das Reitergewicht überbelastet, so nimmt man dem Pferd einen Teil seiner Bewegungsfreiheit. Die Muskeln verspannen sich und die Bewegungen werden für das Pferd schmerzhaft. Eine Aufwölbung des Rückens ist nicht mehr möglich.

Dies kann durch die entsprechende Reittechnik und das kontinuierliche Vorbereiten der Muskulatur auf das Reitergewicht sowie das Antrainieren der entsprechenden Tragehaltung des Pferdes vermieden werden. Diese Haltung wird sichtbar, wenn das Pferd den Kopf und den Hals senkt, sich damit das Rückenband strafft, der Rücken angehoben und der lange Rückenmuskel entlastet wird. Erst durch zusätzliche Kontraktion der Bauchmuskulatur wird die Belastung des Pferdes mit dem Reitergewicht ermöglicht.

Der beste Sattel nützt nichts, wenn das Pferd längerfristig in einer schädlichen Tragehaltung geritten und trainiert wird.

Wird ein Pferd mit durchgedrücktem Rücken und hoher Kopfhaltung über mehrere Wochen, Monate oder Jahre geritten, wird die Muskulatur negativ geprägt. Die Folge ist eine Rückbildung und Verspannung des langen Rückenmuskels sowie die Herausbildung einer starken, schmerzhaften Unterhalsmuskulatur, während die Nackenmuskulatur verkümmert. Dem Pferd wird es mit der Zeit unmöglich, den Rücken aufzuwölben. Durch die starke Biegung der Wirbelsäule nach unten kommen sich die Dornfortsätze der Wirbel immer näher. Sie können sich berühren und aneinander reiben, was zu Knochenwucherungen führt. Medizinisch wird dies als „Kissing spines" bezeichnet.

Langfristig verwachsen die Dornfortsätze miteinander, sodass die Wirbelsäule in diesem Bereich unbeweglich wird. Die Veränderungen sind bei jeder Bewegung schmerzhaft, solange die Wirbel noch nicht vollständig miteinander verwachsen sind. Nach der Verwachsung kann man den Bereich mit einem geheilten Knochenbruch vergleichen. Die neben den verwachsenen Wirbeln liegenden Segmente werden aber stärker belastet. Dadurch entstehen neue Schmerzzentren. Von entscheidender Bedeutung für eine gute, stabile Sattellage sind die Ausprägung des Schulterblatts und Schulterblattknorpels sowie die Ausbildung der Muskulatur in diesem besonders sensiblen Bereich. Der Sattel braucht dort ein Widerlager, darf aber im Schulterbereich nicht zu eng sein, da das Pferd sonst mit Blockaden und verkürzten Bewegungen reagieren wird.

Das Pferd arbeitet immer vom Schmerz weg. Es wird also Bewegungen, die ihm unangenehm sind, nicht gern, gar nicht oder nur bei entsprechendem Druck ausführen. Deshalb muss der Reiter sensibel auf die Zeichen und Reaktionen des Pferdes achten.

Ein im Schulterbereich zu weiter Sattel, der „viel Schulterfreiheit" bietet, wirkt sich ebenfalls negativ aus. Er wird zu wenig „Führung" erhalten und auf das Schulterblatt rutschen, was sich durch Überbelastung in diesem Bereich auswirkt.

Hat ein Pferd ein „Rückenproblem", sollte ein Tierarzt hinzugezogen werden, um die Ursache möglichst schnell erkennen und beheben zu können. Dabei ist zu bedenken, dass Rückenprobleme und eventuell hieraus resultierende Lahmheiten nicht immer mit der Sattelung des Pferdes zusammenhängen müssen. Oft entstehen Bewegungseinschränkungen oder Blockaden auch durch falsche Bewegungen, Festliegen oder durchaus auch Erkrankungen innerer Organe. Im Idealfall ist der untersuchende Tierarzt zugleich Osteopath und Physiotherapeut und kann das Problem durch geschickte Mobilisierung beheben. Selbstverständlich müssen der Sattel und die Reitweise ebenfalls betrachtet werden. Häufig wird allerdings unberechtigt und vorschnell der Sattel als Ursache definiert.

Ein häufiges Problem gerade bei Westernsätteln besteht darin, dass der Sattel zu lang ist oder der Schwerpunkt des Sitzes zu weit hinten liegt. Doch muss man genau betrachten, wie lang der Sattelbaum hinter dem Cantle ist und wann die Flexibilität der Skirts beginnt, die nur für die optische, nicht behindernde „weiche" Sattellänge verantwortlich sind.

Ein Trugschluss ist es, wenn behauptet wird, ein Sattel drücke auf die Nieren. Die Nieren liegen sehr tief unter den Muskelpaketen der Wirbelsäule und werden zusätzlich noch durch die langen, stabilen Querfortsätze der Lendenwirbel geschützt. Ein Druck auf die Nieren ist deshalb ausgeschlossen. Auch ist ein seitliches Herausspringen eines einzelnen Wirbels nicht möglich – viel zu straff sind die Bänder und die großen Muskelpakete, die die Wirbel an ihren Plätzen halten.

Das Sattelgewicht

Subjektiv werden Gewichte von Sätteln sehr unterschiedlich wahrgenommen. Wenig hilfreich sind Gewichtsangaben für unvollständig ausgestattete Sättel. Für den Alltag ist entscheidend, wie viel ein Sattel mit Bügelriemen, Bügeln und Sattelgurt wiegt. Ein komplett ausgestatteter Englischsattel wiegt im Durchschnitt circa 9 Kilogramm, ein Endurancesattel 9 bis 12 Kilogramm, ein Westernsattel je nach Bauart 12 bis 18 Kilogramm.

Unverkennbar ist, dass aufgrund geforderter Festigkeit und Größe unabhängig vom Stil ein Kinder- und Jugendsattel leichter konzipiert werden kann als ein Sattel für eine groß gewachsene, schwere Person.
Gewichtsbestimmend sind:

- Sattelbaum: Material und Ausformung
- Große Lederteile und Polster
- Steigbügel
- Metallbeschläge, zur Zierde oder konstruktionsnotwendig (Kopfeisen, Bügelaufhängung, Gurtungsbeschläge)

Hinzu kommt eine lange Liste vieler Kleinigkeiten, die das Gesamtgewicht des Sattels beeinflussen.

- Eine A-Fork (abgespeckte Sattelgabelung in A-Form) macht den Sattel gegenüber einer Swellfork (voluminösere Fork mit verbreiterter seitlicher Ausbuchtung) um circa 1 Kilogramm leichter.
- Bei einem Endurance-Sattelbaum reduziert sich das Gewicht gegenüber einem Westernsattelbaum um circa 3 Kilogramm.
- Die Ausformung des Sattelbaums und das verwendete Material schlagen sich stark im Gewicht nieder. Qualitativ hochwertige Kunststoffbäume sind nicht wesentlich leichter.
- Bei vielen Westernsätteln ist das Leder unnötig dick – die Gewichtsunterschiede betragen hier schnell 1,5 bis 2,5 Kilogramm.
- Verstärkende Metallteile, zum Beispiel das Kopfeisen, können unterschiedlich massiv sein.
- Ob das Sattelhorn aus Holz, Eisen, Aluminium oder Bronze besteht, macht sich deutlich beim Gewicht des Sattels bemerkbar.
- Unnötig große Skirts erhöhen das Gewicht und lassen den Sattel unhandlich werden.

Ab circa 17 Kilogramm ist das Hantieren, auch für einen Erwachsenen, mit dem Sattel nicht mehr komfortabel. Ein leichter Sattel bietet nicht nur dem Reiter mehr Tragekomfort.
Zu beachten ist auch, dass Reiter, Pferd und Sattel harmonisch zueinander passen sollten. Die Voraussetzungen für die Gesunderhaltung eines kleinen, leicht gebauten Pferdes stehen bei einem schwergewichtigen Reiter äußerst schlecht. Allerdings ist ein gut geschulter schwerer Reiter für ein Pferd leichter zu ertragen als ein leichter, aber ungeschickter Reiter.

Reiten ist Bewegung

Wird das Pferd als „Stuhl“ missbraucht und steht bewegungslos, wird die Muskulatur nur geringfügig durchblutet. Zusätzlich wird durch das Reitergewicht Blut aus dem Gewebe gedrückt. Schon nach wenigen Minuten kann dies zu Schädigungen führen. Leider sieht man bei Reitkursen oft Teilnehmer auf ihren stehenden Pferden sitzen, wenn sie den Ausführungen des Trainers folgen – und setzen ihre Pferde damit einer unbewussten und unnötigen Überlastung aus.

Bei längeren Pausen sollte der Reiter immer absteigen und sein Pferd im wahrsten Sinne des Wortes entlasten. Das Lösen des Sattelgurtes bewirkt ebenfalls eine Entspannung. Nicht vergessen: Vor dem Aufsteigen muss der Sattel wieder fest angegurtet werden.

Auch auf einem Wanderritt sollte jeder Reiter von Zeit zu Zeit absteigen und sein Pferd führen. Man wird bei sich selbst und beim Pferd eine deutliche Erholung der Muskulatur feststellen.

Auch beim Sitzen im Sattel ist es wichtig, in dynamischer Balance mit den Bewegungen des Pferdes mitzugehen. Nur so gelingt es dem Reiter, die Kräfteänderungen durch die Vorwärtsbewegung des Pferdes auszugleichen und ein harmonisches Miteinander in der Bewegung zu erreichen.

Ein stumpf einsitzender Reiter wirkt prellend auf das Pferd. Arbeitet der Reiter mit seinen Bewegungen sogar noch gegen das Pferd, sind Verspannungen und Rückenprobleme des Pferdes und Reiters vorprogrammiert. Diese Probleme werden häufig auf den Sattel geschoben. Auf diese Weise entstehen dann „Sattelprobleme“, die sich jedoch nicht durch einen neuen Sattel lösen lassen.

Die Satteltypen

(Foto: Lenz)

Es gibt eine Vielzahl verschiedener Satteltypen, die dem jeweiligen Einsatzbereich in ihrer Funktion entsprechen. Sie unterliegen auch heute noch einer ständigen Weiterentwicklung, die sich zum Vor- oder auch Nachteil für Pferd und Reiter auswirken kann.

Die Entwicklung der Sättel ist heute oft sehr stark turnierorientiert. Dies hat seine Berechtigung – andererseits nehmen die meisten Reiter nicht an Turnieren teil und benötigen daher einen Sattel mit einem möglichst variablen Einsatzbereich, der sich für die Dressurstunde in der Bahn ebenso eignet wie für den Ausritt ins Gelände oder auch einen kurzen Distanzritt.

Die Satteltypen

Dressursattel

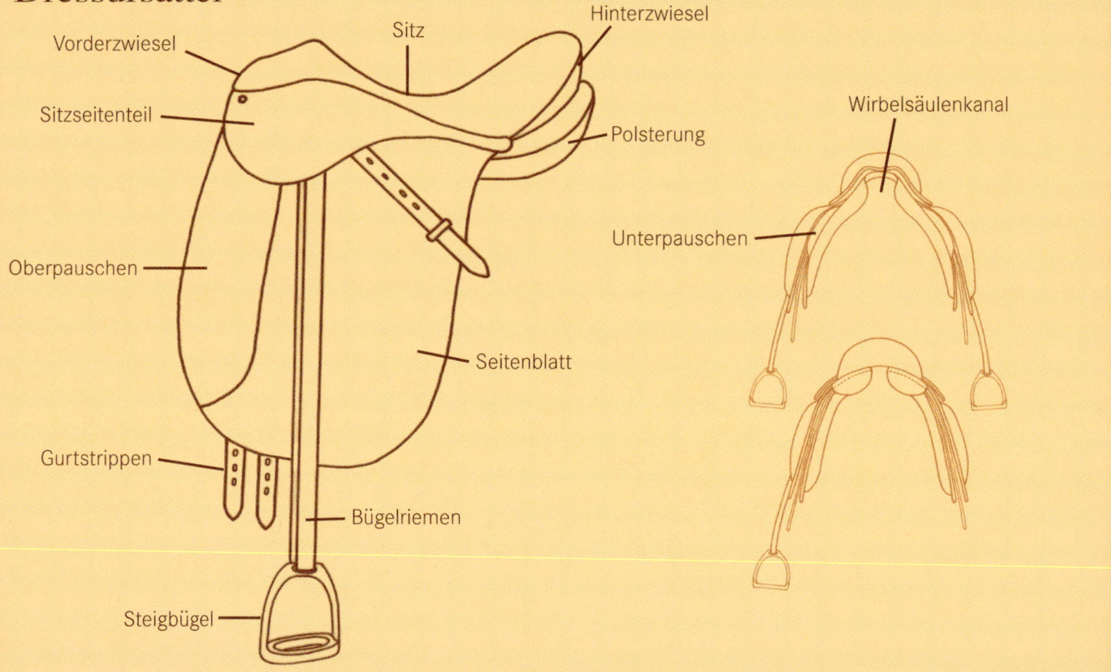

Endurancesattel

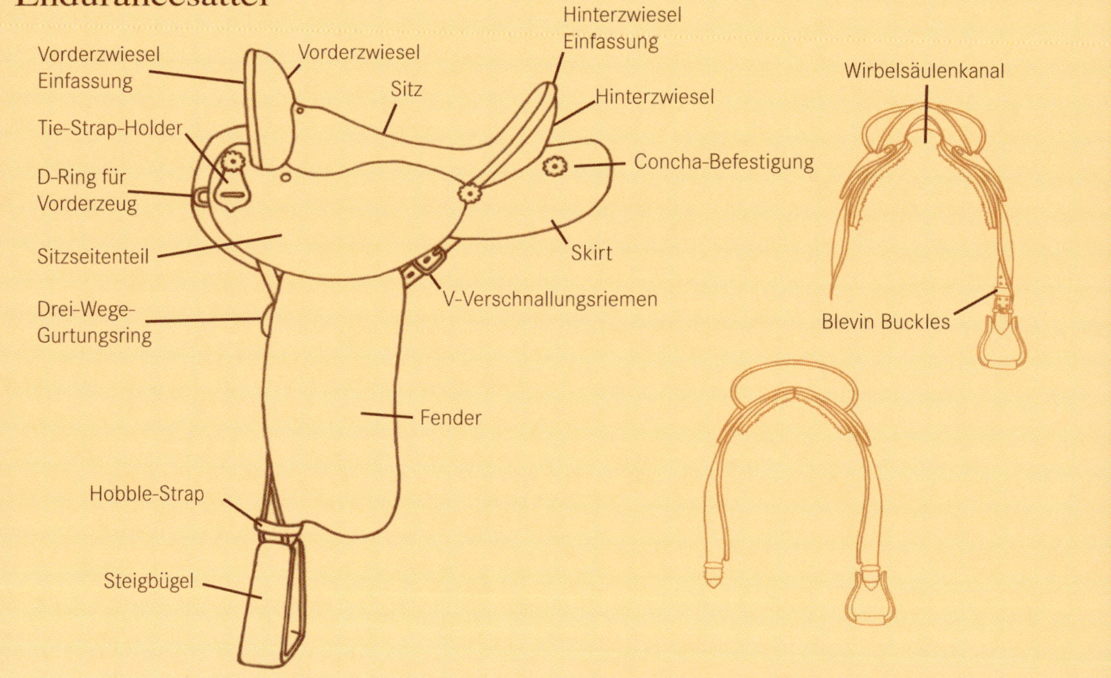

Westernsattel (Reining)

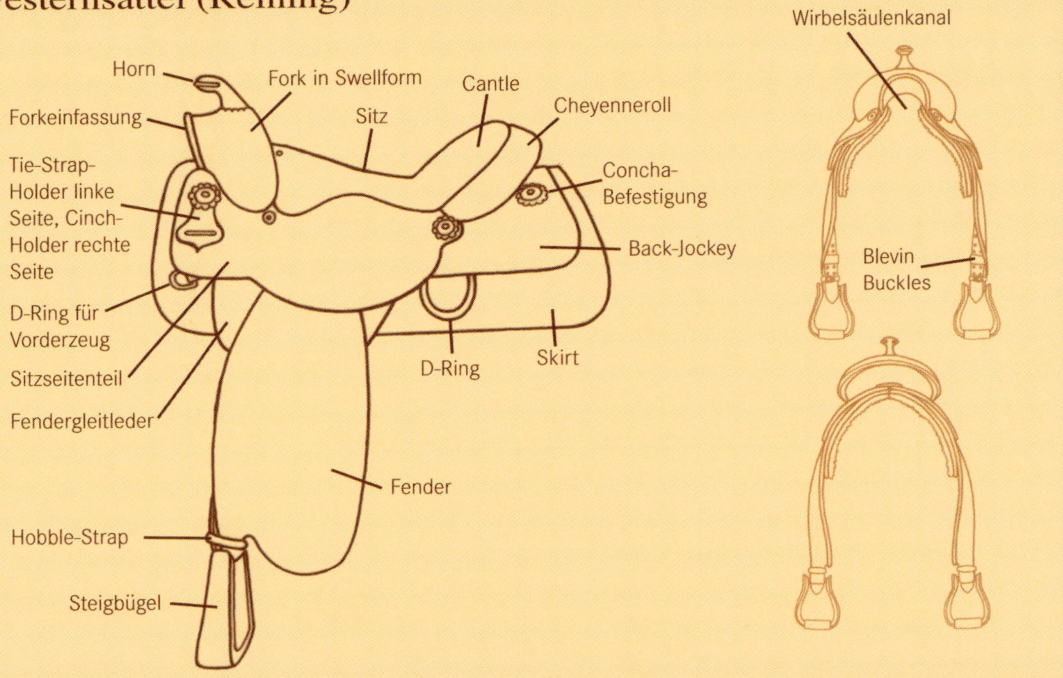

Western-Oldtimer-Arbeitssattel

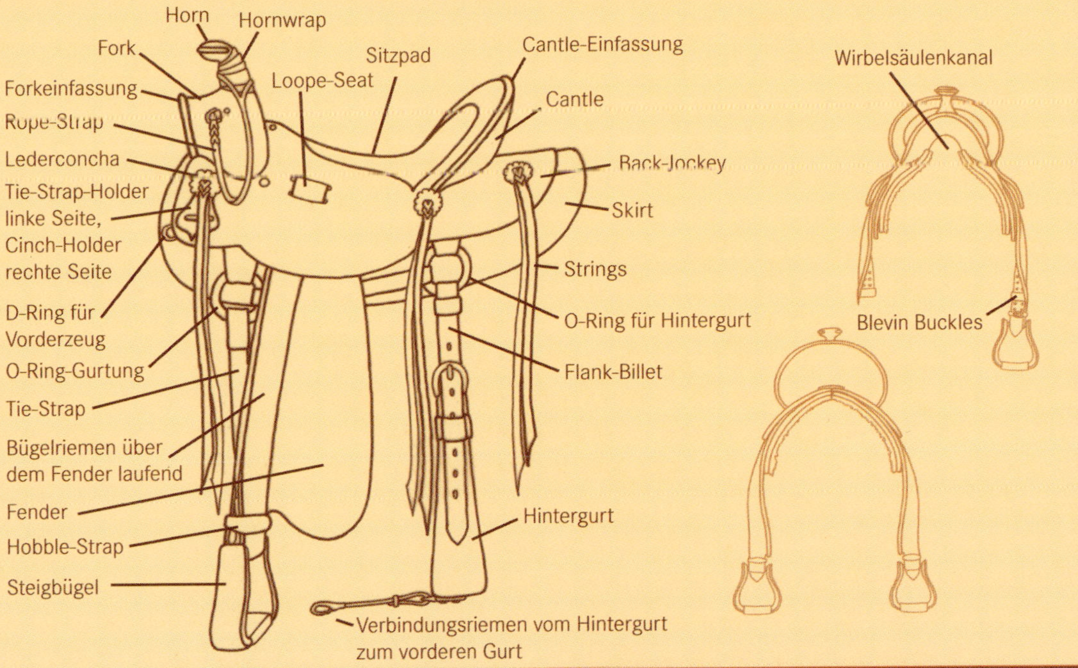

Barocksattel

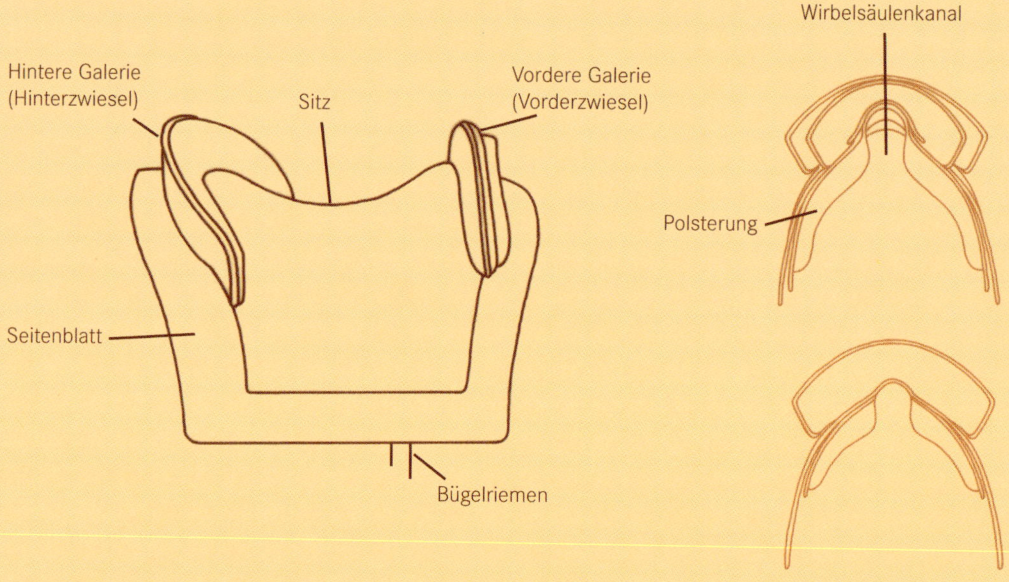

Stocksattel

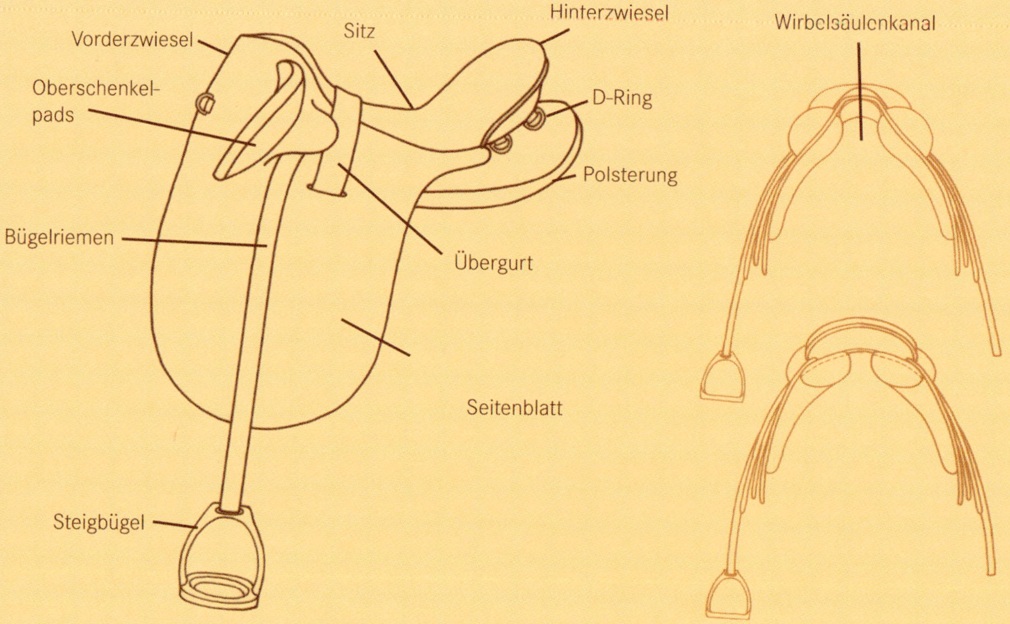

(Zeichnungen: Rieser)

Form folgt Funktion

Ein besonders prägnanter und heute im Freizeitbereich sehr beliebter Sattel ist der Westernsattel – ein Arbeitssattel, der sich ursprünglich aus den Sätteln der spanischen Konquistadoren entwickelte. In keinem anderen Bereich findet man so viele unterschiedliche Sattelmodelle, denen als gemeinsames unverkennbares Merkmal jedoch das Sattelhorn eigen ist.

Von den Pionier-Westernsätteln, die mehr für die Erschließung des Landes ausgelegt waren, bis hin zu den Sätteln, die für Viehtriebe und Rinderarbeit konzipiert sind, zeichnen sich diese Arbeitssättel durch Langzeitbelastbarkeit und Sicherheit aus – zwei wichtige Gründe, warum sich diese Sattelart in Europa und Deutschland so stark verbreitet hat.

Die Anforderungen an den Westernsattel haben sich durch den Einsatz im Freizeit- und Sportbereich geändert. Ein Sattel, der heute im Reiningsport verwendet wird, hat mit einem im Oldtimertyp stehenden Pioniersattel nicht viel gemein. Hier zeigt sich sehr deutlich, wie sich die Sitzkonzeption einer Sattelart den neuen Anforderungen unterordnet und weiterentwickelt: Im Reiningsattel kann der Reiter den sehr schnellen und extremen Bewegungen des Pferdes besser folgen. Der Oldtimer als Urwesternsatteltyp wird immer seinen berechtigten Platz im Freizeitbereich beanspruchen, stellt er doch für viele Reiter den idealen, sicheren Geländesattel dar.

Viele Umsteiger aus der herkömmlichen Reiterei empfinden Westernsättel beim ersten Ausprobieren als unbequem. Ein Faktor hierfür ist das Sitzprofil. Ein Sattel, der kein gerundetes Sitzprofil hat und dessen Tiefpunkt am Cantle liegt, ist unreitbar. Die gerade Sitzfläche lässt ein dynamisches Auswischen des Reiters in der Bewegung nicht zu. Gerade im Galopp wird die Bewegung des Reiters auf der ebenen Sitzfläche regelrecht gestoppt und der Reiter wirkt stumpf und prellend auf sein Pferd ein.

Stilecht ausgestattet: Westernsattel im alt kalifornischen Stil.

Bei diesem Sattel mit geradem, ansteigendem Sitz liegt der Tiefpunkt am Cantle.

Das tiefe, gerundete Sitzprofil ist für den Reiter viel angenehmer. (Fotos: Rieser)

Bei vielen Westernsätteln ist die Bügelaufhängung zu weit vorn angebracht. Das begünstigt einen Stuhlsitz und bringt die Beine nach vorn. Liegt der Tiefpunkt des Sitzes zusätzlich zu weit hinten, drückt sich der Reiter mit seinen Beinen nach hinten ans Cantle, um so seinen Sitz zu stabilisieren. Dies entspricht nicht den klassischen Grundsätzen und verhindert korrektes Reiten.

Ein weiteres Beispiel für einen Sattel, der von der Form her konsequent an seiner Funktion ausgerichtet war und ist, ist der Endurancesattel. Dieser Geländesattel entwickelte sich aus dem Militärsattel, ist aber wesentlich leichter. Für viele Freizeit-, Wander- oder Distanzreiter ist der Endurancesattel aufgrund seines geringen Gewichtes und seiner großen Auflagefläche ein wahrer Allrounder.

Der Sattel kann mit Fendern oder Seitenblättern ausgestattet sein und lehnt sich optisch entsprechend mehr an Westernsättel oder an herkömmliche Englischsättel an.

Angesichts der Tatsache, dass sich immer mehr Reiter für Pferde barocker Rassen entscheiden und sich mit der historischen Schulreiterei und deren Satteltypen auseinandersetzen, befinden sich auch die iberischen Sättel kräftig im Aufwind. Sie stammen ursprünglich aus Spanien und Südfrankreich, und die spanischen Sättel prägten zum Beispiel auch den Kalifornischen Vaquerosattel. Der heutige spanische Va-

Endurancesättel gibt es mit Fendern (links) oder Seitenblättern (rechts). (Fotos: Rieser)

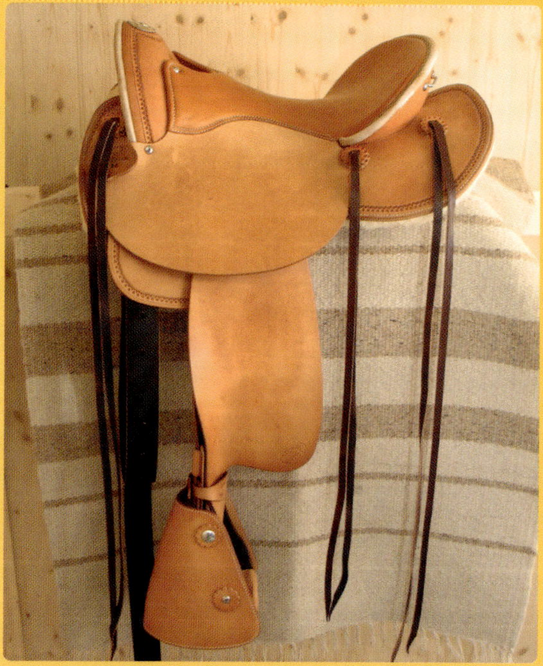

Der Vaquero mit seinen sehr hohen Galerien vorn und hinten rahmt den Reiter stark ein. (Foto: Rieser)

querosattel ist der klassische Arbeitssattel des Rinderhirten. Zwei weitere Grundtypen sind der Portugiesische Sattel sowie der südfranzösische Camarguesattel. Aus diesen Satteltypen entstand wiederum eine Vielzahl von Mischtypen. Allen gemeinsam ist die große Auflagefläche – ein typisches Merkmal für alle Sättel, die besonderen Arbeitsaufgaben genügen müssen.

Bezüglich der Sitzausformung sind die Barocksättel sehr unterschiedlich. Der hintere, fast senkrecht nach oben führende Sitzabschluss des Vaqueros weist noch Ähnlichkeiten mit dem arabischen Sattel auf. Der vordere gabelförmige Aufbau bildet über dem Widerrist eine Art Knauf.

Zwischen dem vorderen und dem hinteren hölzernen Abschluss des Sattels ist wulstförmig Stroh in Leinen eingesteppt. Behauptet wird, dass sich diese Konstruktion unter Reitergewicht, Bewegung und Schweiß des Pferdes optimal anpasst. Ich habe hier in Deutschland noch nie einen Vaquerosattel gesehen, der einem Pferd passt. Alle Sättel lagen in der Mitte hohl und ließen keine Pferderückennähe zu. Keiner besaß die erforderliche Wirbelsäulenfreiheit.

Die Portugiesichen Sattelmodelle können den Reiter durch die zum Teil sehr groß ausgeformten Galerien regelrecht einrahmen. Das Leichttraben wird bei einigen Modellen erschwert und der Reiter sitzt sehr fixiert. Die verschiedenen Blattformen und Größen geben den Sätteln eine unterschiedliche Optik.

Als letztes Beispiel sei der australische Stocksattel genannt, der sich aus dem englischen Jagdsattel entwickelte, den europäische Siedler mit nach Australien brachten. Einige der Jagdsättel hatten kleine, aufgesetzte Pauschen, aus denen sich im Laufe der Zeit die für den Stocksattel so typischen „Ohren" (Pads) entwickelten. Der Stocksattel ist ein schönes Beispiel, wie sich eine Sattelentwicklung dem geforderten Verwendungszweck anpasst. Charakteristisch für den Stocksattel sind sein tief ausgeformter, schmal taillierter Sitz, seine Oberschenkelführung und

Der Stocksattel aus Australien ist mit Horn, Übergurt und den typischen Kniepads ausgestattet. (Foto: Rieser)

das lange Seitenblatt. Manche Modelle sind mit einem kleinen Horn ausgestattet.

Der Sattelbaum besteht traditionell aus Holz mit Metallverstärkungen; heute kommen überwiegend Kunststoffsattelbäume zum Einsatz.

Beachten sollte man die Position und Größe der Oberschenkelpauschen, auch Pads genannt. Je nach Sattelmodell fallen sie in Form und Ausführung sehr unterschiedlich aus. Dies lässt dem Reiter mehr oder weniger Bewegungsspielraum im Sattel. Ausgeprägte Pads, die sich stark in Richtung Sitzfläche neigen, machen das Leichttraben unmöglich.

Für den Freizeitreiter ist der Sattel bequem und sicher. Allerdings engt er die Bewegungsfreiheit im Sitz stark ein. Reiter mit kräftigen Oberschenkeln können regelrecht eingezwängt werden.

Das Verändern der Passform bei australischen Sätteln ist sehr aufwendig und bei manchen Sätteln nicht durchzuführen.

(Foto: Lenz)

Ein Sattel für Kinder

Gerade junge Reiter und Kinder sollen sicher auf dem Pferd sitzen, damit sie Spaß an der Reiterei entwickeln können. In einem Sattel normaler Größe finden Kinder zu wenig Halt. Außerdem lassen sich Bügelriemen oder Fender nicht kurz genug einschnallen. Pauschen und Seitenblätter, die nicht mit der Beinlänge harmonieren, erschweren es dem heranwachsenden Reiter, sich korrekt auf dem Pferd zu positionieren.

Es lohnt sich, seinem Kind für die begrenzte Zeit des Heranwachsens einen angepassten Sattel zu kaufen. Hochwertige Kinder- und Jugendsättel lassen sich gebraucht wieder gut verkaufen. Von Billigangeboten, die entsprechend schlecht verarbeitet sind, ist dringend abzuraten – manche Modelle sind lebensgefährlich.

Polsterung oder Skirts?

Für einen möglichst großen Tragekomfort des Sattels für das Pferd ist bei jedem Sattel eine gewisse Polsterstärke erforderlich. Die Polsterstärke sollte nicht zu dünn, aber auch nicht zu dick gewählt werden. Ist das Polster zu dünn, zu fest oder zu steif, entstehen Schmerzen, da keine Pufferzonen vorhanden sind. Der Sattel eckt regelrecht an. Eine zu dicke Polsterung lässt den Reiter zu hoch über dem Pferd sitzen, und die Verbindung wird „schwammiger". Ebenso ist zu bedenken, dass ein zu dickes Polster einen Sattel stark verengen kann – auch dies hat negative Auswirkungen auf das Wohlbefinden des Pferdes.

Zu unterscheiden sind grundsätzlich Sättel mit einer Polsterung, die mit der restlichen Konstruktion des Sattels fest verbunden ist, von Sätteln, bei denen die erforderliche Polsterstärke durch ein Sattelpad oder eine Unterlage erreicht wird und somit eine separierte Polsterung erforderlich macht.

Beispiele für Sättel mit fest verbundener Polsterung:

- Dressursattel
- Springsattel
- Australischer Stocksattel
- Polosattel
- Damensattel
- Iberischer Sattel
- Camarguesattel

Bei diesen Sätteln genügt eine dünne Sattelunterlage, da die nötige Polsterung am Sattel selbst angebracht ist. Die dünne Sattelunterlage oder Schabracke hat die Aufgabe, den Pferdeschweiß von der Polsterung des Sattels fernzuhalten.

Beispiele für Sättel mit erforderlicher separater Polsterung:

- Westernsättel
- Endurancesattel
- Alle Sättel mit Skirts, auch wenn schon der aufgenähte Webpelz oder im Idealfall das Schaffell eine gewisse Polsterstärke besitzt

Beim Reiten eines solchen Satteltyps ohne die erforderliche Unterlage in entsprechender Stärke werden der Sattel und das Pferd Schaden nehmen.

Integrierte Polsterung

Bei den oben genannten Sätteln mit integrierter Polsterung ist wiederum zwischen den Formpolstern und den befüllten Kissen zu unterscheiden. Formpolster

Dieser Sattel ist mit großflächigen Formpolstern ausgestattet. (Foto: Rieser)

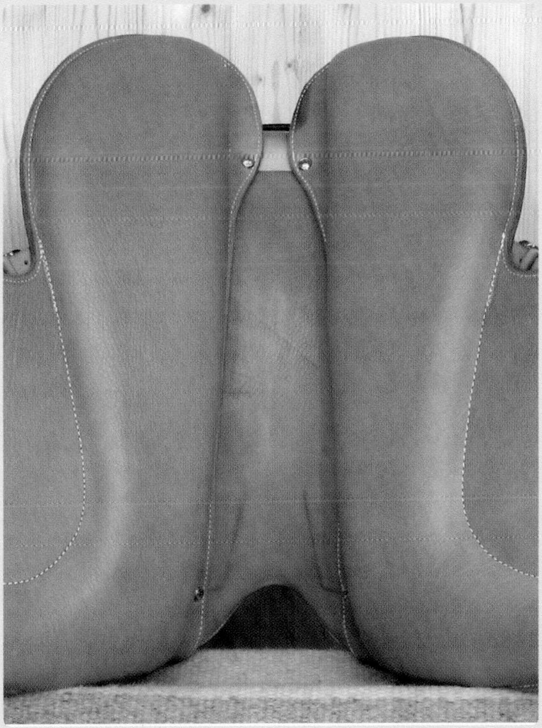

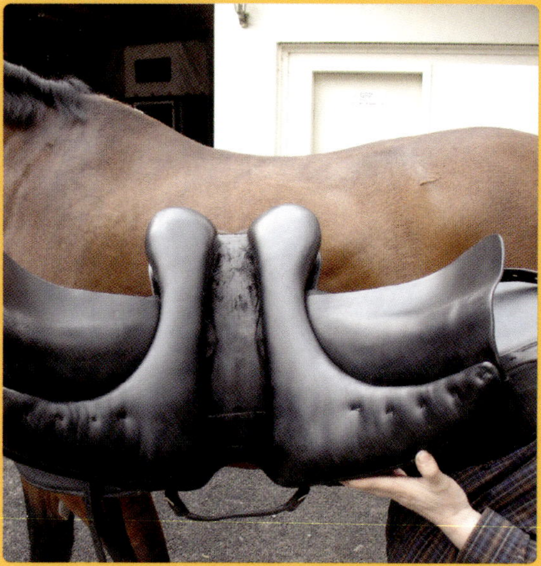

Kissen mit breiter Schulterführung und angenähten Seitenblättern kennzeichnen diesen Sattel.

Bei diesem Sattel haben die Kissen eine kurze Schulterführung. (Fotos: Rieser)

bestehen meistens aus einer in Form geschäumten Polsterung aus Latex verschiedener Härtegrade. Der Polsteraufbau kann aber auch mehrlagig aus einzelnen Polsterplatten mit unterschiedlichen Stärken und Eigenschaften bestehen; man spricht dann von Sandwichpolsterung. Die Polsterung eines Sattels mit Formkissen lässt sich im Nachhinein nicht oder nur bedingt abändern. Der Vorteil der Formpolster ist eine gleichmäßige Struktur. Hochwertige Materialien zeichnen sich dadurch aus, dass sie eine sehr gute Rückstellfähigkeit haben. Dies bedeutet, dass sich das verwendete Polstermaterial bei Druck komprimiert und bei Entlastung wieder in die ursprüngliche Stärke zurückstellt und nicht ermüdet. Sättel mit Formpolstern haben meistens auch eine flächigere Sattelbaumkonstruktion.

Bei Sätteln mit befüllter Polsterung befindet sich die Polsterung in den sogenannten Kissen, die meistens aus Leder gefertigt sind. Die Kissenform kann je nach Satteltyp und Hersteller sehr unterschiedlich ausfallen.

Durch unterschiedliche Befüllung können die Kissen dieser Sättel in eine vom Sattler zu bestimmende Form gebracht werden. Sind die Kissen korrekt und fachmännisch gefüllt und gestopft, stellen sie die gewünschte Auflagefläche auf dem Pferderücken her. Das Polstermaterial wird durch Schlitze und Öffnungen an der Oberseite des zu polsternden Kissens mithilfe spezieller Sattlerwerkzeuge in den gewünschten Bereich geschoben.

Wie gut ein Sattel gepolstert wird, hängt auch vom verwendeten Polstermaterial (Reißwolle, Schurwolle und Synthetikwolle) und von der gleichmäßigen Verteilung ab. Eine unterschiedliche Polsterung führt zu einer asymmetrischen Sitzverschiebung, die der Reiter nicht ausgleichen kann. Daneben spielen das Geschick und die Erfahrung des Sattlers eine entscheidende Rolle. Wird das Polstermaterial beim Ausstopfen unterschiedlich stark verdichtet, verhält sich die Polsterung des Sattels auch unterschiedlich auf dem Pferderücken. Die Polsterung darf nach dem Stopfen keine Beulen und Buckel aufweisen, sondern muss homogen verlaufen. Dies lässt sich überprüfen, indem man mit der flachen Hand über die Polster streicht.

Werden beim Nachpolstern unterschiedliche Polstermaterialien verwendet, entstehen durch das unterschiedliche Verhalten der Materialien häufig nach einer gewissen Zeit der inneren Reibung Knubbel und Beulen. Der Rat des Sattlers, die komplette Befüllung der Kissen zu wechseln, erhöht zwar erheblich den Arbeitsaufwand, vermeidet aber spätere Reklamationen des Kunden. Sättel, die schon von verschiedenen Sattlern mit unterschiedlichen Polstermaterialien nachgepolstert wurden, sollten prinzipiell komplett neu gepolstert werden.

Das Polstermaterial für Formkissen wird mit speziellem Sattlerwerkzeug an die richtige Stelle geschoben. (Foto: Rieser)

Keilkissen

Bei Keilkissen sind die Kissen im hinteren Bereich keilförmig geschnitten und können hier stärker (dicker) gepolstert werden. Oft werden Keilkissen eingesetzt, um die Positionierung des Reiters weiter nach vorn zu verlegen. Hierdurch verändert sich die Passform des Sattels für das Pferd, teilweise mit fatalen Folgen: Der Sattel bildet eine Brücke und die Belastung auf Schulter- und Lendenwirbelbereich wird für das Pferd unerträglich.

Nach dem Aufpolstern kann sich die Polsterung des Sattels durch den Gebrauch setzen und aufgrund der Bewegungen des Pferdes verändern. Das führt dazu, dass ein herkömmlicher Sattel meistens noch einmal nachgepolstert werden muss. Problematisch sind zu stark gestopfte Kissen, da die Polsterung sehr hart wird und sich die Form der Kissen stark rundet. Solche Kissen können sich nicht anpassen, haben auch nicht den nötigen Polstereffekt und liegen durch die stärkere Rundung nur schmal auf.

Auch bei Kissen, die sich nach korrekter Befüllung durch den Gebrauch des Sattels anpassen, wird sich dieser Prozess irgendwann negativ entwickeln. Der frisch gepolsterte Sattel wird durch das Benutzen zunächst eine optimale Passform erhalten. Im Laufe der Zeit wird sich die Polsterung aber weiter um die geringfügig tragenden Sattelbaumteile arbeiten, und der Sattel wird dann nicht mehr passen und muss wieder aufgepolstert werden. Diesen Walkprozess der Polsterung zeigt das Foto auf Seite 42. Die Polsterung arbeitet sich am Sattelbaum vorbei, und die Passform ist nicht mehr sichergestellt. Der Grund hierfür liegt in der schmalen Tragfähigkeit der

Die Polsterung hat sich hier seitlich am Sattelbaum vorbeigewalkt – dadurch ist die Passform dahin. (Foto: Rieser)

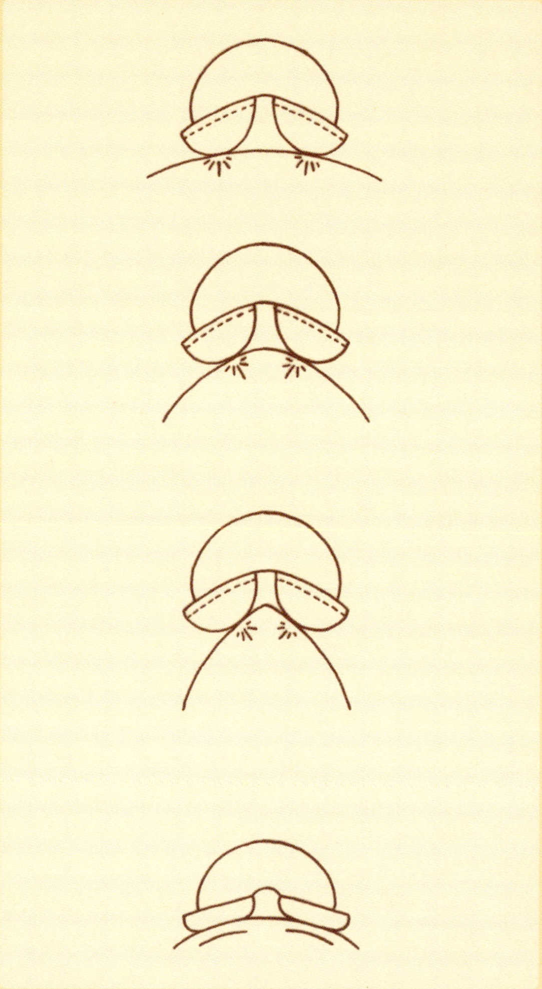

Ob breites oder schmales Pferd: Die Auflagefläche gerunderter Polster ist immer gering. Flache Polster (unten) liegen breiter auf und schonen den Pferderücken. (Zeichnung: Rieser)

Sattelbäume. Sattelbäume, die die Polsterung flächig abfangen, stabilisieren hingegen die Passform, bieten einen größeren Tragekomfort für das Pferd und müssen nicht ständig nachgepolstert werden. Moderne Entwicklungen, zum Beispiel mit einer ausgeformten Kunststoffplatte, die mit Neopren abgepolstert ist, tragen diesem Anspruch Rechnung, indem sie den Druck flächiger übertragen.

Je größer die Auflagefläche eines Sattels, desto genauer muss er angepasst werden!

Vergleicht man die Passform eines Sattels mit einem Ball, so besitzt er eigentlich die beste und vielseitigste „Passform“. Die Auflagefläche ist allerdings sehr gering. Sättel, deren Polsterung im Querschnitt gerundet ist, haben somit einen gewissen Spielraum in der Passform, aber nur eine sehr schmale Auflagefläche, die sich zusätzlich durch die entgegengesetzte Wölbung des Pferderückens reduziert.

Ein Sattel, der nur mit geringer Fläche aufliegt, kann eine Rückbildung der Muskulatur in den Bereichen des größten Drucks verursachen. Diese geschwundene Muskulatur hat zur Folge, dass das Pferd langfristig gesehen nicht mehr geritten werden kann. Deshalb ist Vorsicht geboten bei Sätteln, die einen starken Passformspielraum haben. Umgekehrt ist eine großflächige Sattelkonstruktion, die nicht passt, genauso schlecht und schädlich für das Pferd, man kann sogar sagen: Je großflächiger die Auflage eines Sattels ist, desto genauer muss der Sattel passen.

Die größte Auflagefläche nützt nichts, wenn sie nicht der Rückenform des Pferdes entspricht.

Eine zu schmale Auflage des Sattels kann zu Muskelschwund führen. Bei diesem Pferd wird deutlich, wie sehr sich seine Muskulatur dem Sattel angepasst hat. (Foto: Rieser)

Größere Auflage mit Skirts

Skirts sind vergrößerte flexible Auflageflächen aus festem Leder mit Webpelz oder im Idealfall mit Schaffell. Die Passform des Sattels wird hier durch den Sattelbaum vorgegeben. Die Skirts schaffen flexible Übergangszonen vom tragfähigen starren Sattelbaum über vergrößerte Auflageflächen zum Pferderücken. Unter dem Baum verläuft parallel der Skirt, und unter dem Skirt verläuft parallel die Sattelunterlage oder das entsprechende Pad.

Sind die Skirts weich, was auch durch zu starkes Ölen passieren kann, wird die Tragfähigkeit auf die Sattelbaumgröße reduziert. Große, eckige Skirts tragen in den seitlichen und hinteren äußeren Randbereichen nicht mehr und haben nur eine optische Bedeutung. Ein Roundskirt trägt vollflächig und nach außen hin flexibler und weicher.

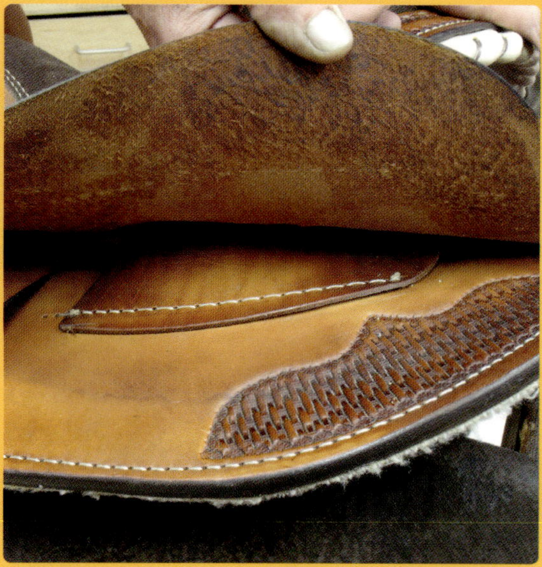

Durch die Nahtperforation können Skirts abknicken und an Tragfähigkeit verlieren. (Foto: Rieser)

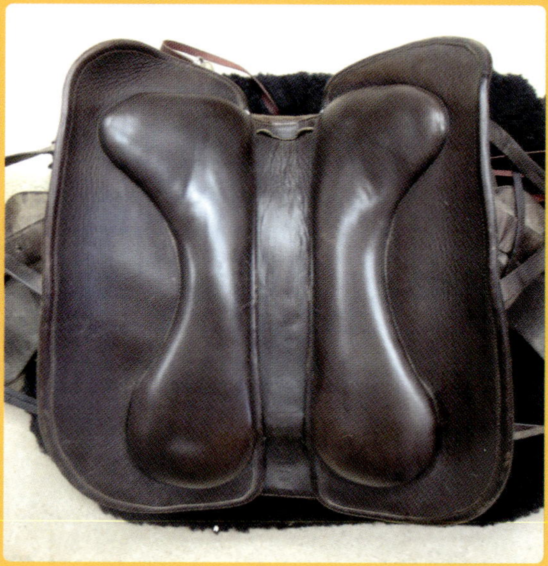

Die Polsterung der Skirts verringert die Auflagefläche. (Foto: Rieser)

Viele Westernsättel haben Skirts, die seitlich vorn und hinten an den Bars mit Haltelaschen versehen sind. Teilweise ist mit diesen Lederteilen die Gurtung oder der hintere D-Ring befestigt. Durch das Vernähen dieser Lederteile mit dem Skirt haben diese Sättel eine „Sollbruchstelle". Die Skirts knicken unter Belastung durch das Perforieren des Leders mit der Naht seitlich weg und verlieren ihre Tragfähigkeit. Dies reduziert deutlich die Druckverteilung des Sattels. Bei Skirts, auf die eine Polsterung in Sattelbaumform aufgenäht ist, verkleinert sich die Druckverteilung nur auf den Bereich der Polstergröße. Auch bei dem oben rechts abgebildeten Sattel hat der eckige Skirt nur optische Funktion und macht den Sattel unnötig schwer.

Größe und Form der Skirts richten sich nach der für das Reitergewicht erforderlichen Auflagefläche und nach der Rückenlänge des Pferdes.

Von der Form her unterscheidet man Endurance-, Round- und Schmetterlingsskirts sowie eckige Skirtformen, die in der Gesamtlänge und der seitlich nach unten geführten Breite zusätzlich variieren können.

Es ist speziell bei Reiningsätteln etwas in Mode gekommen, die Skirts im Beinbereich etwas auszuschneiden. Durch extreme Beinausschnitte wird die Tragfähigkeit der Skirts im hinteren Bereich stark vermindert, sie stehen dann vom Pferdekörper weg.

Die Skirts sind mit Webpelz oder mit Schaffell unterlegt und vernäht. Das hochwertigere Schaffell hat eine stärkere Rückstellfähigkeit und ist dichter im Flor. Vorsicht: Motten mögen Schaffell! Hierdurch ist schon so mancher Sattel zu Schaden gekommen.

In den Skirt kann bei entsprechender Stabilität die Gurtung direkt integriert werden. Man spricht dann von einer In-Skirt-Gurtung (Rigging).

Die Skirts sind die größten Lederflächen an einem Westernsattel. Um Material zu sparen, fertigen einige Hersteller die Skirtunterteile aus Pappe oder Kunststoff. Hierdurch erklärt sich ein deutlicher Preisunterschied zwischen zwei äußerlich sehr ähnlichen Sattelmodellen.

Eines der häufigsten Probleme bei der Passform des Sattels ist das Hohlliegen im mittleren Bereich. Hat der Skirt eine gewisse Länge, wird sich dies am deutlichsten am hinteren Skirtende feststellen lassen. Die meisten Sättel benötigen in der Längsachse mehr Biegung, um den Lendenwirbelbereich freizustellen. Je kürzer die Auflage des Sattels ist, desto weniger wird er hohl liegen. Allerdings liegt die Problematik meist nicht in der Länge des Sattels, sondern in der Passform. Natürlich sollten die Skirts nicht unnötig groß sein. Stößt der Skirt beim Biegen des Pferdes an die Hüfthöcker, ist er definitiv zu lang.

Auch herkömmliche Sättel lassen sich mit einem Skirtsystem ausstatten und bekommen so eine große Auflagefläche. (Foto: Rieser)

Freiraum für die Hüfthöcker ist entscheidend für die Skirtform und die Gesamtlänge des Sattels. (Foto: Lenz)

Ein Sattel, bei dem die Skirts im hinteren Bereich „schön anliegen", bietet meist im Lendenwirbelbereich zu wenig Freiheit. Den meisten Reitern erscheint ein solcher Sattel passender als ein Sattel, dessen Skirt im hinteren Bereich vom Pferderücken „abhebt". Häufig wird in diesem Zusammenhang das starke Wippen des Sattels beim Longieren bemängelt. Es ist aber normal, dass die Bewegung des Pferdes den Sattel „aufschaukeln" lässt. Ein nicht geblockter Skirt, der also nicht im nassen Zustand an die Sattelbaumform angepasst wurde und deshalb nicht direkt am Sattelbaum anliegt, gibt deshalb auch nicht die Passform des Sattelbaums wieder.

Gepolsterte Sättel heben sich im Bereich der Polsterung vom Pferderücken ab und reduzieren die Auflagefläche.
Ein entscheidender Vorteil der Sättel mit Skirts liegt darin, dass das über dem Schulterblatt liegende Pad eine stärkere Pufferzone in der Bewegung sicherstellt.

(Foto: Lenz)

Fender oder Seitenblatt?

Ob ein Sattel Fender oder ein Seitenblatt haben sollte, ist eine grundsätzliche Frage. Das Gesamtbild des Sattels wird hierdurch entscheidend geprägt, obwohl beide Teile die gleiche Funktion erfüllen müssen.

Sättel mit normalem Seitenblatt sind meist mit schmalen Englischbügelriemen ausgestattet. Das Bein kann sich auf dem Blatt, das eine ausreichende Breite haben sollte, locker hin und her bewegen.

Ganz anders ist es beim Fender. Der Fender ist eine funktionelle Erfindung. Er stellt einen verbreiterten Bügelriemen und bewegliches Schweißblatt in einem dar. Die Breite des Fenders sollte so gewählt werden, dass das Bein eine gute Auflagefläche hat und vor dem Schweiß des Pferdes geschützt ist. Dank der Breite des Fenders und dem Verbund mit dem breiten Bügelriemen bekommt das Bein mehr Stabilität. Der Fender folgt der Beinbewegung und schwingt mit.

Verliert man den Bügel bei einem Englischsattel, so ist er durch die beweglichen schmalen Bügelriemen schwer zu finden und muss regelrecht „geangelt" werden. Die Steigbügel am Fender sind immer klar positioniert und vom Fuß leicht zu finden. Voraussetzung ist, dass der Fender ausgedreht ist und der Bügel in Fußrichtung steht.

Steht der Bügel schräg zur Fußachse, machen sich bei langen Ritten Schmerzen im Knie bemerkbar.

Fender ausdrehen

Bei neuen Sätteln sind die Fender meistens nicht ausgedreht – Sie können es jedoch selbst ganz einfach vornehmen. Dazu wird der Steigbügel entfernt und der Fender circa drei Minuten komplett in lauwarmes Wasser getaucht, um unschöne Wasserränder zu vermeiden. So aufgeweicht wird der Fender wieder mit dem Steigbügel verbunden, und Sie überdrehen ihn. Damit der Fender sich nicht zurückdreht, werden die Bügel mit einem etwa 8 Zentimeter breiten Brett mit abgerundeten Kanten gesichert. Nach dem Trocknen werden die Fender geölt und gefettet.

Die beste und flachste Verstellmöglichkeit bei den Fenderbügelriemen sind die patentierten Blevin Buckles. Sie bestehen aus einer Aluminiumplatte mit zwei Haltebolzen, die in die gewünschte Lochung der Bügelriemen eingehängt werden. Eine einrastende Schiebehülse aus Edelstahl mit einer Ledereinfassung sichert die Verbindung. Ein kleiner Lochabstand ermöglicht das genaue Einstellen der Bügelriemenlänge. Zur Erleichterung sollten die Löcher nummeriert sein.

Die Bügelriemenbreite bei Fendern kann 3 Zoll (7,5 Zentimeter), 2,5 Zoll (6,3 Zentimeter) oder für leichte Sättel 2 Zoll (5 Zentimeter) betragen. Ein 3-Zoll-Bügelriemen ist für die Freizeitreiterei überdimensioniert, macht den Sattel nur unnötig schwer und behindert die Beinbeweglichkeit des Reiters. Aus Gründen der Flexibilität und zur Verbesserung des Kontaktes zum Pferd sollten die Bügelriemen oben am Fender angenäht sein. Zusätzliche Befestigungen mit Kupfernieten machen diese Verbindung sehr haltbar. Der Fender ist nun tragfähig im Bügelriemen integriert.

Wird der Fender auf dem durchlaufenden Bügelriemen befestigt, so liegt zwischen Reiterbein und Pferd eine Lederschicht mehr. Hierdurch kommt das Bein weiter weg vom Pferd, und die Fender-Bügelriemen-Kombination wirkt sich deutlich versteifend auf die Beweglichkeit des Reiterbeins aus.

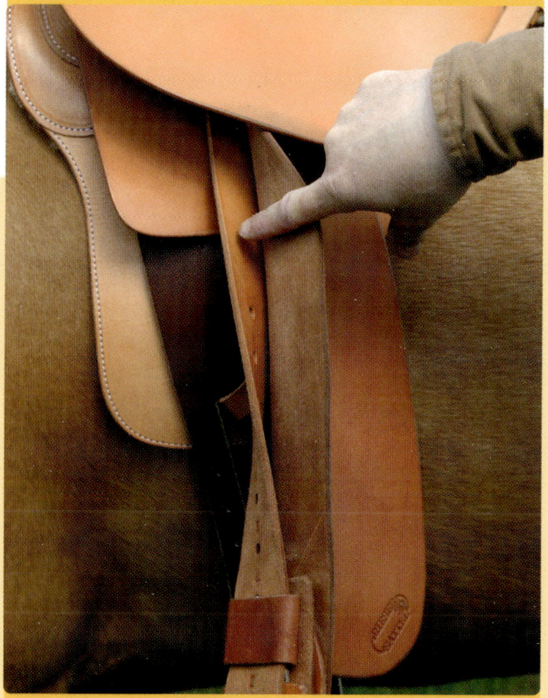

Ein einfacher Bügelriemen ist besser geeignet ...

... als ein durchlaufender Bügelriemen, da der Kontakt zum Pferd erleichtert wird.
(Fotos: Lenz)

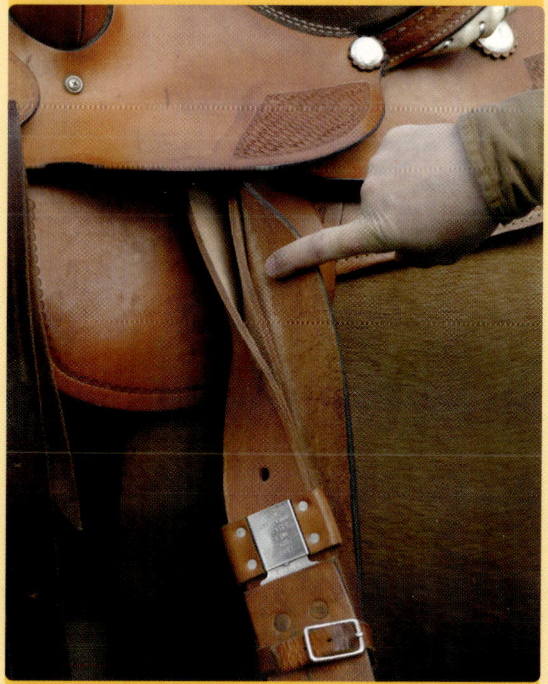

Sechs Lederschichten versteifen bei diesem Steigbügel das Ausdrehen. (Foto: Lenz)

Zu weit oben angebrachte Blevin Buckles scheuern bei Pferd und Reiter. (Foto: Rieser)

Auch die Richtung, in der die Blevin Buckles eingenietet sind, entscheidet darüber, inwieweit ein Fender versteift und die Ausdrehung des Bügels erschwert wird. Zeigen die Bolzen des Verschlusses nach innen, so läuft das Bügelriemenende innen am Fender hoch.

Der Bereich der Steigbügelaufhängung wird durch zwei Lederschichten zusätzlich versteift und unflexibler. Außerdem wird das Verstellen der Bügelriemenlänge umständlicher.

Zeigen die Bolzen des Blevin-Verschlusses nach außen, so läuft das Bügelriemenende einfach außen über den Steigbügel. Die Längeneinstellung der Bügelriemen ist so wesentlich einfacher und schneller möglich.

Bei vielen Westernsätteln sind die Blevin Buckles zu weit oben angebracht. Sie scheuern am Pferd und können den Reiter im Beinbereich unangenehm drücken.

Ausrichten der Fenderposition

Beim Kürzen der Bügellänge schiebt man mit einer Hand den Fender nach oben unter das Seitenblatt des Sitzes und gleichzeitig mit der zweiten Hand das Bügelriemenende nach unten. Der Bügelriemen ist dann kurz und der Fender nach oben geschoben. Für eine längere Bügeleinstellung werden der Fender nach unten und der Bügelriemen nach oben geschoben. Der Steigbügel sollte im Fender immer gleich positioniert sein. Hängt der Steigbügel an der Fenderunterkante, so bekommen Fuß und Knie einen unangenehmen Druck.

Die Fender müssen wie auch das Seitenblatt zur Beinlänge des Reiters passen. Der Fenderschwung im unteren Bereich kann in der Länge variieren. Achten Sie darauf, dass Schuhe oder Stiefel nicht am Ende des Fenders hängen bleiben.

Normale Fender lassen sich nicht beliebig kurz verschnallen. Sie stoßen bei Verkürzung unter dem

Sitzseitenblatt an und lassen sich nicht mehr genügend bewegen. Der Fender blockiert, und dem Reiter wird es unmöglich gemacht, feine Hilfen zu geben. Für viele Reiter mit langen Beinen hingegen sind die normalen Fender zu kurz. Das Bein hat dann im oberen Bereich der Fender wenig Auflagefläche. Eine besondere Optik hat der Oldtimer-Fender. Hier laufen die Bügelriemen (tragend) über den Fender.

Bügelriemen sind leichter zu verstellen und halten länger, wenn das Leder mit der Fleischseite nach außen gearbeitet ist. Die weniger dehnfähige Narbenseite liegt dann innen an der Bügelriemenaufhängung.

Bei herkömmlichen Englischbügelriemen wird die Schnalle normalerweise bis zum Anschlag an das Bügelriemenschloss gezogen. Die Schnalle und der Bügelriemen tragen auf und beulen das Sitzseitenteil aus.

Hängt der Bügel zu dicht am Fenderende, lässt er sich nicht ausdrehen.

Der Bügel lässt sich leicht am Fuß ausdrehen, wenn der Abstand zum Fenderende groß genug ist. (Fotos: Rieser)

Beim Oldtimer-Fender laufen die Bügelriemen über den Fender. (Foto: Rieser)

Die Schnalle des Bügelriemens kann bei manchen Sätteln zur Beulenbildung am Sitzseitenteil führen. (Foto: Rieser)

Der Buckel kann sich an der Innenseite des Oberschenkels unangenehm bemerkbar machen. Um dies zu verhindern, lässt sich die Bügelriemenschnalle auch ganz nach unten an den Steigbügel schieben. Die Schnalle sollte dann mit einer Ledergamasche geschützt werden. Manche Sättel bieten auch die Möglichkeit, den Bügelriemen unter das Seitenblatt zu verschnallen. Das verhindert auch ein Quetschen der Beine am Bügelriemen. Bei kurzer Beinlänge wird das Sattelblatt jedoch vom Bügelriemen nach außen gezogen. Deshalb ist es wichtig, dass Bügelriemen und Seitenblatt von der Länge her zueinander passen.

Auch auf normale Englischbügelriemen kann ein Fender montiert sein. Er stabilisiert den Bügelriemen, und die Kombination stellt die Minimallösung des beweglichen Schweißblatts her.

Jeder Fender wird durch einen kleinen Riemen, den sogenannten Hobble-Strap, zur Sicherheit verschlossen. Durch ihn liegt der Steigbügel ruhiger und kann nicht nach oben rutschen.

Flache oder hohe Zwiesel?

Jeder Sattel hat einen Vorderzwiesel (Fork) und einen Hinterzwiesel (Cantle). Der Abstand dazwischen definiert die Sitzlänge des Sattels. Ausformung, Breite und Höhe können stark variieren. Den flachsten Vorder- und Hinterzwiesel haben Gangpferdesättel. Die höchste und steilste Ausformung findet man beim Camarguesattel. Sättel mit flachem Zwiesel bieten dem Reiter viel Sitzspielraum, aber wenig Führung und Sicherheit. Sättel mit hohem Zwiesel rahmen den Reiter ein und fixieren ihn stark in seiner Sitzposition. Zwischen diesen Extremen liegt die ideale Sitzausformung und Begrenzung für den Einsatz im Freizeitbereich.

Ausformung des Vorderzwiesels

Bei einem Dressur-, Spring- und Vielseitigkeitssattel ist der Vorderzwiesel je nach der erforderlichen Widerristfreiheit für das Pferd unterschiedlich hoch und unterschiedlich zurückgeschnitten. Eine formale Begrenzung des Reitersitzes ist nicht vorhanden.

Bei einem Endurancesattel wird der Vorderzwiesel durch eine erhöhte Gabelung (Fork) gebildet. Die Ausformung und Breite der Galerie bei einem spanischen oder portugiesischen Sattel bildet den vorderen Abschluss des Sattels. Bei einem Westernsattel ist die Fork für die erforderliche Stabilität und die Befestigung des Sattelhorns wesentlich massiver.

Durch die seitliche Forkbreite ergibt sich eine unterschiedliche Sitzpositionierung. Bei einer breiten Fork sitzt der Reiter deutlich weiter hinten. Eine schmale Fork positioniert den Reiter weiter vorn. Auch die seitliche Winkelung der Fork ist mitentscheidend. Die Grafiken auf Seite 51 zeigen deutlich, wie stark sich die Winkelung von Vorderzwiesel (Fork) und Hinterzwiesel (Cantle) auf die effektive Sitzlänge auswirkt.

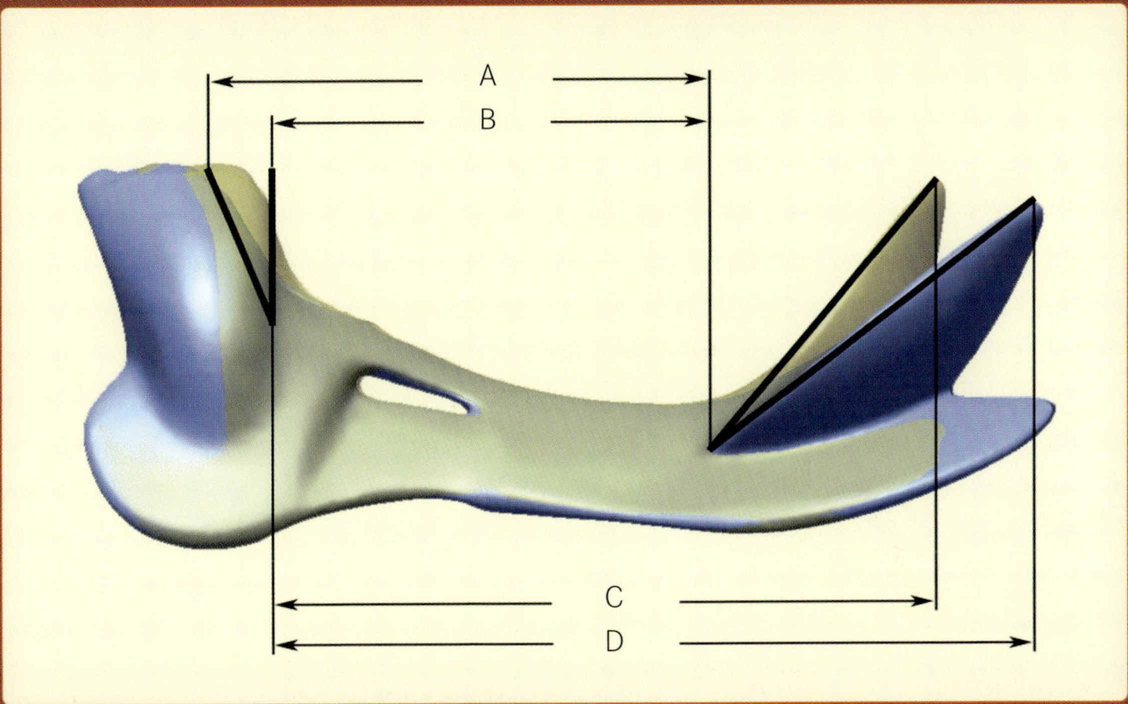

Je steiler Fork und Cantle gewinkelt sind, umso mehr bieten sie dem Reiter Führung. Flache Winkel geben mehr Freiraum für die Bewegungen im Sattel (siehe Abstand C-D).

Die Sitzlängenabgabe und der Sitzfreiraum werden deutlich größer, wenn die Fork nach vorn gewinkelt ist (siehe Abstand A-B). Je nach Winkelung des Cantles wird der Oberschenkelbereich mehr oder weniger eingeengt. (Grafiken: Rieser)

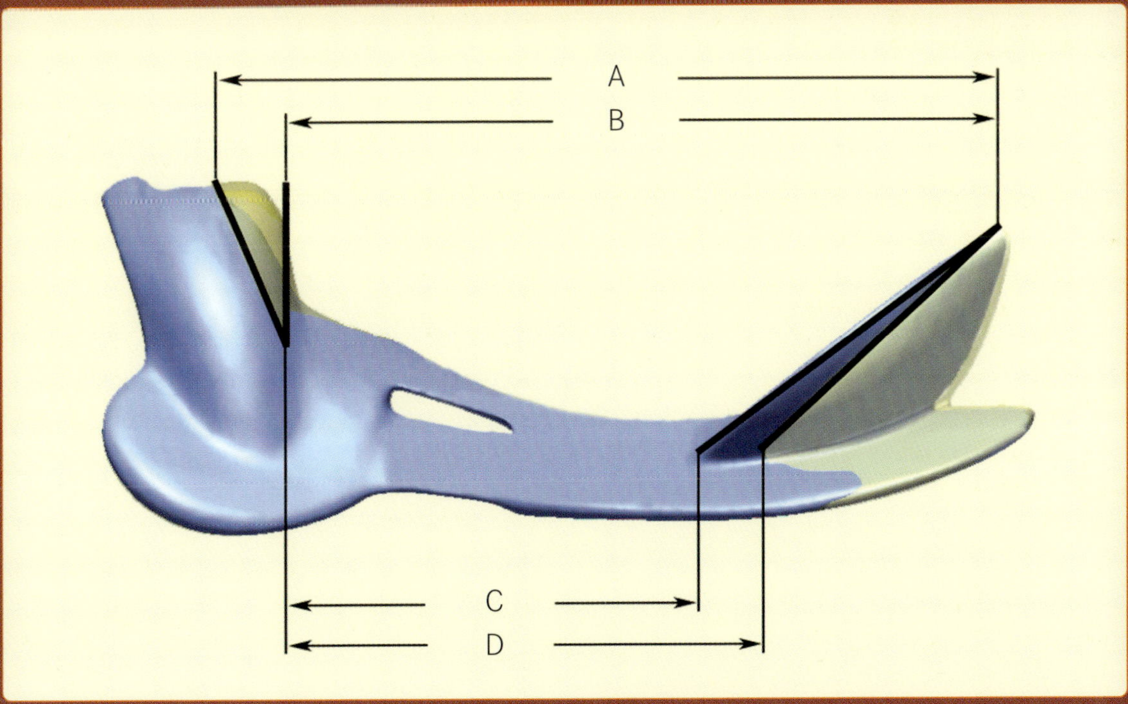

Ein flachter Hinterzwiesel lässt den Reiter auf dem Hinterzwieselansatz sitzen. (Foto: Lenz)

Maßeinheit Zoll

Bei der Bemaßung von Sätteln hält sich bis heute hartnäckig die Maßeinheit Zoll, die aus England und den USA übernommen wurde. 1 Zoll entspricht 2,54 Zentimetern.

Ausformung des Hinterzwiesels

Der Hinterzwiesel (Cantle) bildet die Sitzschale und den hinteren Abschluss des Sattelbaums.

Er kann 1 bis 6 Zoll hoch sein. Die Weite kann von 10 bis 14 Zoll variieren. Für die Sitztiefe ist die Ausmuldung (Dish) des Hinterzwiesels wichtig.

Die Sitzlänge ergibt sich vor allem aus dem Abstand des Vorder- und Hinterzwiesels. Auch hier sollte aber die Winkelung des Hinterzwiesels beachtet werden: Ist er steil gewinkelt, erhält der Oberschenkelbereich mehr Freiheit. Ein flacher Hinterzwiesel engt den Oberschenkelbereich ein, der Reiter sitzt auf dem Hinterzwieselansatz.

Die bei Sätteln angegebenen Maße, zum Beispiel die Sitzlänge, werden immer am Sattelbaum gemessen. Nach dem Aufbau des Sitzes und der Verkleidung des Sattelbaums mit Leder sowie einer eventuellen Polsterung des Sitzes verkürzt sich die angegebene Sitzlänge je nach Leder- und Polsterstärke schnell um 15 bis 20 Millimeter. Aus diesem Grund sollten Sie immer das Endmaß am fertigen Sattel messen.

Ein steiles und hohes Cantle, wie bei einem Sattel im altkalifornischen Stil, gibt dem Reiter sehr viel Führung und Sicherheit. Reiteinsteiger fühlen sich in einem solchen Sitz meist wohler. Der Reiter hat bei entsprechend hohem Hinterzwiesel und gerundeter Sitzausmuldung immer das Gefühl, näher am Pferd zu sitzen.

Bei Dressursätteln und allen anderen Satteltypen kann sich ein hoher Hinterzwiesel mit fehlender Sitzausmuldung (wenig Dish) sehr negativ auf den Sitz des Reiters auswirken. Das Becken wird nach vorn gekippt und der Reiter kommt mit seinem Oberkörper ins Hohlkreuz. Ein Abkippen des Beckens nach hinten ist nicht möglich.

Die eigentliche Sitzausformung ist eine freie Form, die sich nur schwer in Maßen definieren lässt. Bei gleicher Sitzlänge, Cantle- und Forkform kann die Gesamtausarbeitung des Sitzes je nach ausgearbeitetem Tiefpunkt, seitlichem Sitzverlauf und Ausformung zur Fork sowie dem Ansteigen (Bilt-up) des Sitzes sehr unterschiedlich ausfallen. Hinzu kommt, dass der Reiter sich nicht beliebig auf dem Pferderücken platzieren lässt, sondern Formverlauf und Sitzbreite des Sattels der Pferderückenform angepasst sein müssen.

Oft sind Wunschvorstellungen des Reiters bezüglich des Sitzes vom Sattler nur bedingt umzusetzen – sie müssen vor allem mit den Vor- und Nachteilen für das Pferd abgewogen werden. So muss ein kräftiger Reiter auf einem kleineren Pferd unter Umständen auf einen größeren Sitz zum Wohle des Pferdes verzichten.

Mit oder ohne Horn ?

Auf das Horn wird der eine Reiter aus Sicherheitsgründen verzichten wollen. Für einen anderen Reiter kann das Horn mehr Sicherheit bieten. Dies widerspricht sich nur scheinbar.

Einerseits geht von dem Horn eine mögliche Verletzungsgefahr aus, zum Beispiel bei einem Sturz oder beim Hängenbleiben mit der Jacke. Andererseits fühlt sich ein ängstlicher oder ungeübter Reiter auf einem Sattel mit Horn deutlich sicherer, da er sich in brisanten Situationen an dem Horn festhalten kann.

Solange eine Hand fest am Horn ist, ist die Verletzungsgefahr relativ gering, da der Körper des Reiters nicht mit dem Horn in Kontakt kommt.

Ebenso ist die Hornform mitbestimmend für den Komfort des Reiters. Ein kleines, flach nach vorn geneigtes Horn ist im Gelände von Vorteil, da es den Reiter nicht stört, wenn er sich zum Beispiel unter tief hängenden Ästen hindurchbückt. Ein sehr hohes Horn kann die Positionierung der Zügelhand stören und gefährlich werden, wenn der Reiter seinen Oberkörper nach vorn neigt. Zweckmäßig kann ein Horn für die Befestigung von Packtaschen oder sonstigen Ausrüstungsgegenständen sein. Ebenso erleichtert es das Mitführen eines Hand- oder Packpferdes, das jedoch auf keinen Fall fest am Sattelhorn angebunden werden darf. Man sollte das Horn außerdem nicht als Aufstieghilfe benutzen, da dann ernorme Kräfte seitlich auf die Dornfortsätze wirken.

Die Hornform bestimmt über den Komfort für den Reiter: Ein kleineres, flach geneigtes Horn (rechts) wird oft als angenehmer empfunden als ein steiles, hohes Horn. (Foto: Lenz)

Der Sattelbaum …

(Foto: Lenz)

… das Herzstück eines Sattels

Passform und Konstruktion des Sattelbaums entscheiden elementar über den Komfort für Pferd und Reiter. Die individuellen Anforderungen von Pferd und Reiter und der gewünschte Einsatzbereich des Sattels entscheiden über Größe, Ausformung und Art des Sattelbaums.

Bei den meisten Sätteln ist dieses wichtige Bauteil von außen nicht sichtbar. Es kann deshalb hinsichtlich Qualität, Tragfähigkeit und Passform bei einem fertigen Sattel nur sehr eingeschränkt beurteilt werden. Oft wird die Auflagefläche durch die Polsterung oder die Skirts beschönigt und die Qualität des Sattelbaums aus Preisgründen stark reduziert, was zulasten der Langlebigkeit und der Passform des Sattels für Pferd und Reiter geht.

Verschiedene Materialien

Traditionell werden Sattelbäume komplett aus Holz oder aus Holz mit Stahlverstärkung gebaut. Moderne Sattelbäume bestehen heute dagegen oft aus Kunststoff oder aus Kunststoff mit Metallverstärkungen – ihre Herstellung ist deutlich weniger zeitaufwendig.

Das Problem bei sämtlichen Kunststoffbäumen ist die fehlende Modellvielfalt. Für jede Weite und jede Sitzlänge muss mit viel Aufwand eine separate, teure Stahlform gefertigt werden. Bei nur einer Sattelbaumform mit 15, 15 $^1/_2$, 16 und 16$^1/_2$ Zoll Sitzlänge, drei Breiten sowie drei verschiedenen Biegungen und Ausformungen der Auflage in Längsachse sind bereits

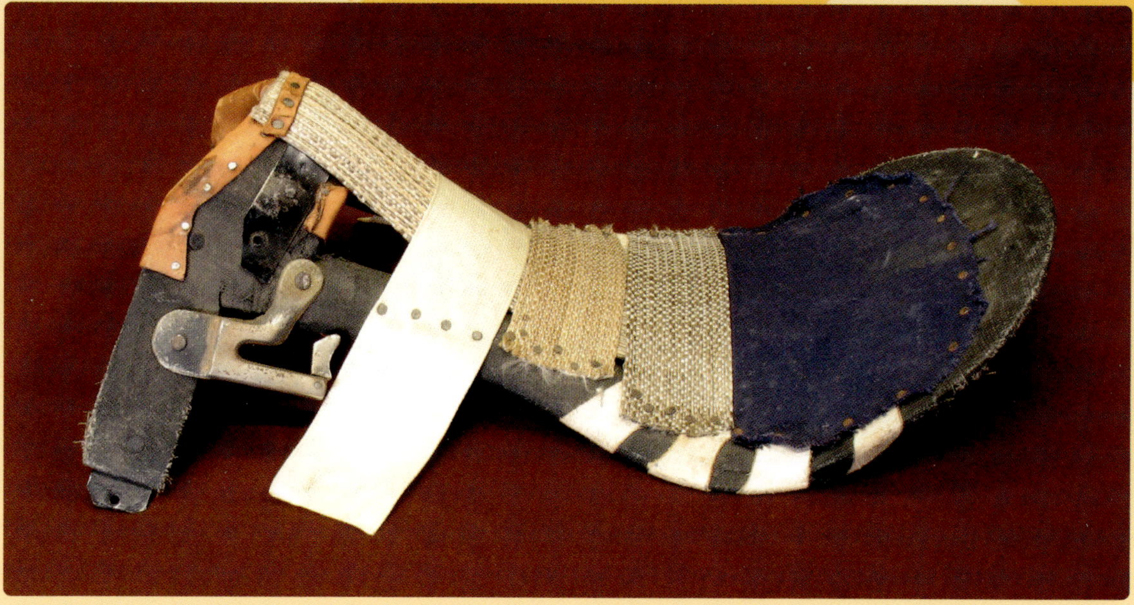

Bei diesem herkömmlichen Holzsattelbaum ist der Sitz gegurtet.

Kunststoffsattelbäume werden mithilfe von vorgefertigten Stahlformen gegossen. (Fotos: Rieser)

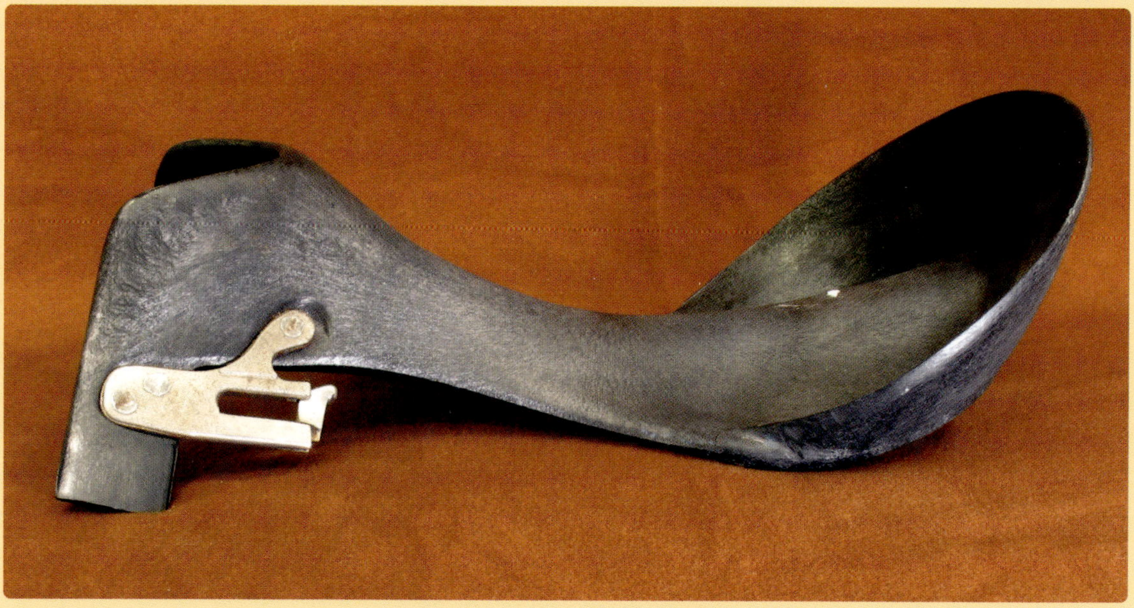

36 Gussformen erforderlich – und das allein für ein einziges Modell mit gleicher Winkelung und Sitzhöhe des Hinterzwiesels. Plant der Sattelhersteller fünf verschiedene Sitzausformungen, erhöht sich die erforderliche Menge an Gussformen bereits auf 180 Stück. Dieser enorme Aufwand erklärt, warum es in der Praxis die Modell- und Passformvielfalt zumindest im Kunststoffbereich nicht gibt. Die Qualität eines Kunststoffbaums kann sehr unterschiedlich sein. Leichte, geschäumte Kunststoffbäume haben zu wenig Stabilität. Sattelbäume mit Hohlkammerkonstruktion, die eine geringe Wandstärke haben und in-

nen hohl sind, weisen ebenfalls nicht die erforderliche Festigkeit auf. Außerdem ist eine Passformänderung nicht möglich. Durch die geringe Wandstärke sind hier auch die Verschraubungen der Gurtung nicht stark belastbar. Wichtig ist gerade bei Kunststoffbäumen, dass das verwendete Material nicht ermüdet und spröde wird.

Qualitativ hochwertige Kunststoffbäume sind sehr haltbar und nicht leichter als herkömmliche Holzbäume.

Ein weiteres Problem bei Kunststoffsattelbäumen besteht darin, dass lediglich alte Sattelbaumformen aus Holz nun in Kunststoff produziert werden. Teilweise sind die Sattelbäume schmaler als die Wirbelsäulenfreiheit, die der Sattel bieten sollte. Dies bedeutet, dass der mittlere Bereich des Sattelbaums die Kissen nicht tragfähig abfangen kann und so das Reitergewicht nur auf die Kissen einwirkt.

Der englische Sattelbaum

Der Vorderzwiesel, dessen Enden als Ortsspitzen bezeichnet werden, sollte immer hinter dem Schulterblatt liegen. Die Winkelung des Vorderzwiesels, meist verstärkt mit einem Kopfeisen, bestimmt die Weite des Sattels hinter dem Schulterblatt.

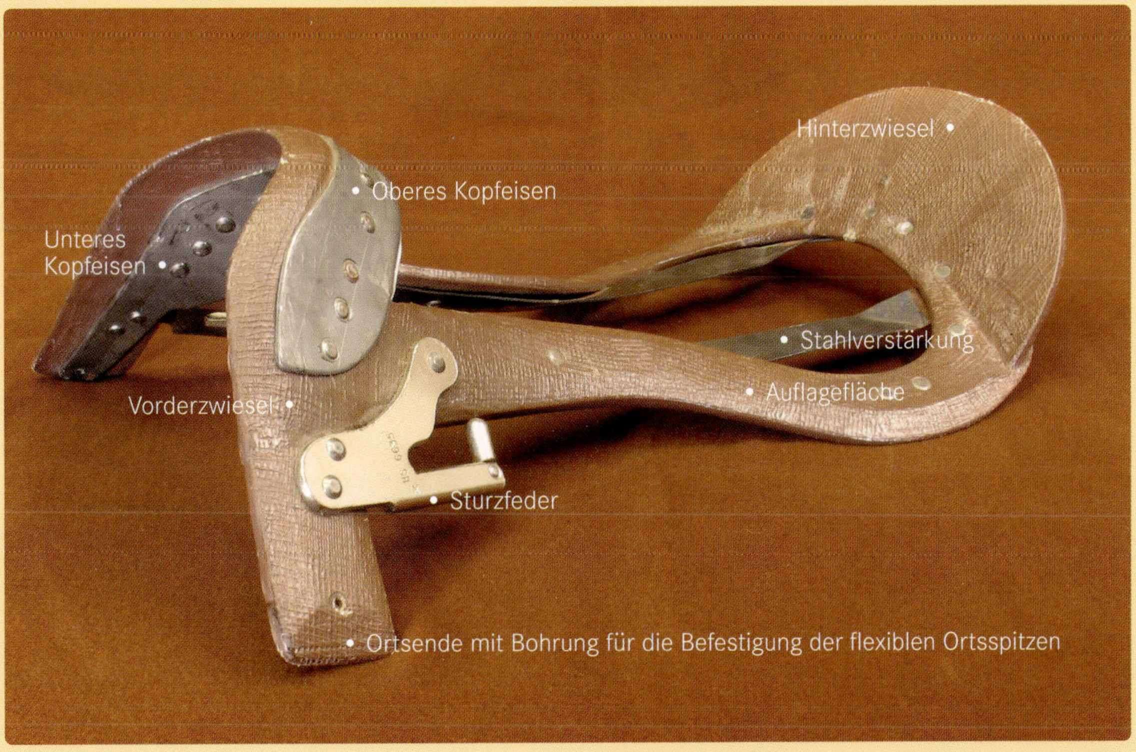

(Foto: Rieser)

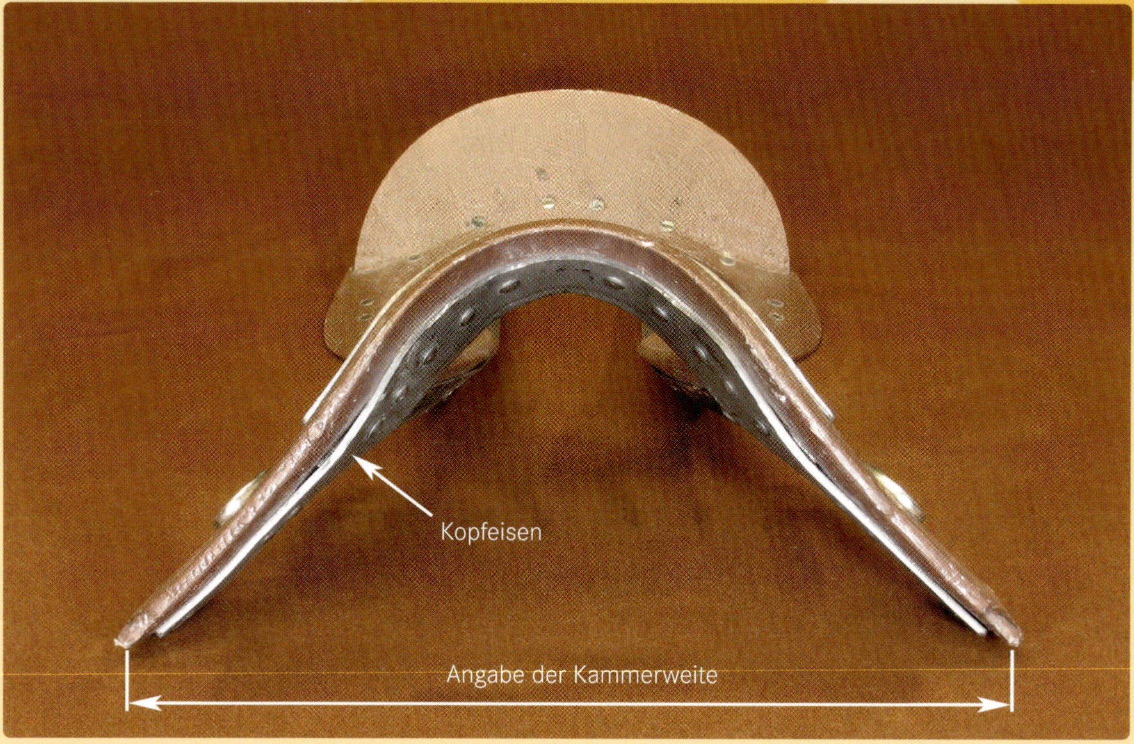

Die Kammerweite ist das Maß von Ortsspitze zu Ortsspitze. Je größer sie ist, umso weiter ist das Kopfeisen gewinkelt.

Das Kopfeisen ist mit der Baumkonstruktion fest vernietet und gibt dem Sattel im vorderen Bereich eine enorme Stabilität. Manche Vorderzwiesel sind mit einem doppelten Kopfeisen versehen. So zeigt der Sattelbaum auf dem Foto auf Seite 57 ein Kopfeisen über und eines unter dem Vorderzwiesel. Beide sind durch Nietungen fest miteinander verbunden. Die Ortsspitzen sind oft mit flexiblen Leder- oder Kunststoffenden versehen.

Durch verschiedene Winkelungen der Vorderzwiesel oder Kopfeisen werden die Sattelbäume in verschiedenen Größen beziehungsweise Kammerweiten hergestellt. Die von den Herstellern angegebenen Maße der Kammerweite, gemessen von Ortsspitze zu Ortsspitze, sind nicht genormt und können nur als grobe Richtwerte gesehen werden. Je weiter die Ortsspitzen auseinanderliegen, desto weiter ist die Winkelung des Kopfeisens.

Die seitliche Winkelung des Vorderzwiesels kann unterschiedlich schräg zum Schulterblatt verlaufen. Des Weiteren kann der Vorderzwiesel im Widerristbereich verschieden stark zurückgeschnitten sein, um zum Beispiel einem höheren, schmalen Widerrist den notwendigen Platz zu verschaffen.

Bei diesem Gangpferdesattelbaum läuft der Vorderzwiesel schräg nach hinten und ist im Widerristbereich stark zurückgeschnitten. (Fotos: Rieser)

Eine weit vorn angebrachte Bügelaufhängung verlagert das Gewicht des Reiters nach vorn. Bei einem Springsattel hat diese Positionierung ihre volle Berechtigung und wird diesem Einsatzbereich gerecht: Der Reiter kann beim Springen dem sich schnell nach vorn verlagernden Schwerpunkt und den schnellen, kräftigen Bewegungen des Pferdes sicher folgen.

Für den Freizeit- und Dressurreiter ist die Steigbügelaufhängung bei herkömmlicher Bauart allerdings oft viel zu weit vorn am Sattelbaum. Ein Grund dafür ist das Vernieten der Bügelaufhängung mit dem Kopfeisen, was eine hohe Stabilität bietet. Eine Verlagerung des Steigbügelschlosses nach hinten setzt stabilere Strukturen im mittleren Bereich des Sattelbaums voraus, da sonst eine Bruchgefahr besteht. Dies ist mit der heute zu beobachtenden starken Taillierung der Sattelbäume oft nicht in Einklang zu bringen.

Finger weg von mangelhafter Qualität: Dieser Sattelbaum aus einfachem Holz (nicht mehrschichtig verleimt) stammt von einem „Billigsattel", der den Belastungen beim Reiten nicht standgehalten hat und gebrochen ist. Das „Kopfeisen" besteht aus zwei nur grob zugeschnittenen Blechstreifen. (Foto: Rieser)

Auch die Anbringung der Gurtstrippen hat große Auswirkungen auf die Positionierung des Sattels auf dem Pferd. Bei herkömmlichen Englischsattelbäumen wird die Sitzausformung durch Gurte erreicht, die durch Spannung eine große Federung und Weichheit des Sitzes vorgeben. Die Gurte werden mit Nägeln oder Klammern an den Holzteilen des Sattelbaums befestigt. Durch geschicktes Gurten lässt sich die Sitzform und Position des Tiefpunktes variieren.

Der Federstahlsattelbaum

Der Federstahlsattelbaum soll sich durch die Flexibilität der vernieteten Stahlfedern dem Pferderücken speziell in der Bewegung anpassen. Er soll den diagonalen Bewegungen des Pferderückens und der sich ändernden Form Rechnung tragen und mitfedern. Dies ist eine scheinbar plausible und verständliche Argumentation. Wenn Sie jedoch die Möglichkeit haben, die Federung eines solchen Sattelbaums zu testen, werden Sie feststellen, dass der Baum nur unter größerer Krafteinwirkung etwas nachgibt. Ich selbst habe noch nie einen Federstahlbaum in den Händen gehabt, der sich den beim Reiten auftretenden Kräften entsprechend verhalten hat.

Der Trachtensattelbaum

Trachtensättel sollten eine größere, flächigere und damit angenehme Auflagefläche auf dem Pferderücken bilden. Viele der als Trachtensättel bezeichneten Sättel erfüllen diesen Zweck leider nicht.

Ein Trachtensattelbaum, der keiner ist: Die am Sattelbaumende angeschraubten Kunststoffplatten behindern die Wirbelsäulenfreiheit.

Dieser komplett aus Holz gefertigte Trachtensattelbaum kommt ohne verstärkende Metallteile aus. (Fotos: Rieser)

Wie aus einem herkömmlichen Sattelbaum ein Trachtensattel wird, zeigt die Abbildung links. Hier wurden einfach die Trachten, bestehend aus Kunststoffplatten, am Sattelbaumende angeschraubt. Die Wirbelsäulenfreiheit ist in diesem Fall viel zu gering. Richtig deutlich wird dies, wenn man die Kissen aufschiebt.

Qualitativ deutlich besser sind großflächig tragende Trachtensattelbäume aus schichtverleimten Hölzern (siehe Foto unten). Dank der hohen Festigkeit können die Sicherheitsverschlüsse unabhängig von einem Kopfeisen positioniert werden. Das Reiterbein kommt durch die zurückverlegte Bügelaufhängung in die korrekte Dressurlage.

Die erforderliche Passform wird nicht über das Befüllen der Kissen, sondern über die für das Pferd notwendige Form des Sattelbaums erreicht. Die Polsterung wird später nur noch parallel zum Sattelbaum ausgeführt, auf den Baum aufgeschoben und verschraubt. Mögliche Passformänderung durch Wegfräsen oder Hinzufügen des Grundmaterials Holz sind ohne Stabilitäts- und Festigkeitsverlust möglich.

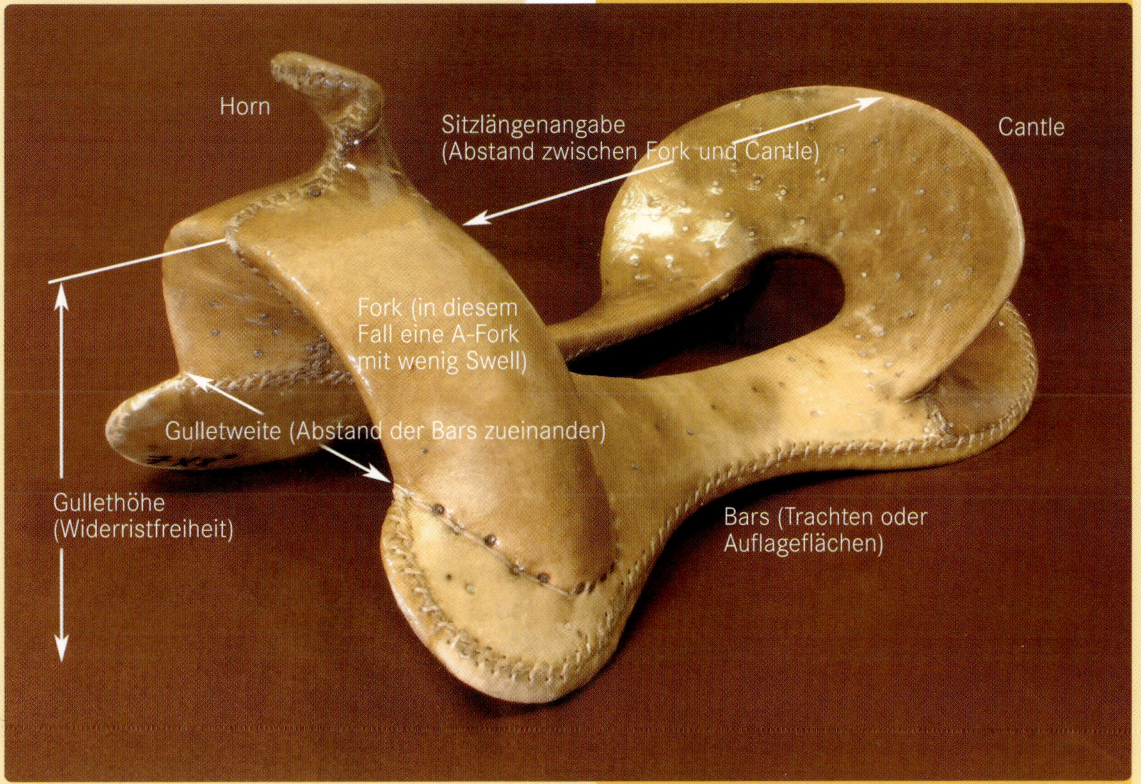

(Fotos: Rieser)

Der Westernsattelbaum

Der traditionelle Westernsattelbaum ist aus mehreren Teilen zusammengesetzt: den Bars (Trachten) rechts und links, der Fork als Verbindung vorn (Gabelung, Vorderzwiesel) mit Horn und dem Cantle als hinterer Verbindung (Hinterzwiesel).

Die Bars haben dem Rückenverlauf des Pferdes entsprechend eine Biegung. Diese Biegung sollte so stark sein, dass die Bars im vorderen Bereich die Schulterfreiheit und im hinteren Bereich die erforderliche Lendenwirbelfreiheit bieten.

Da der Pferderücken hinter dem Schulterblatt steiler gewinkelt ist als im hinteren Verlauf der Rippenwölbung, ergibt sich in der Ausformung der Bars eine Drehung. Die Ausformung der Wölbung und Drehung der Bars entscheidet über den gewünschten Tragekomfort sowie die Schulter- und Lendenwirbelfreiheit. Bei breiten Pferden stehen die Bars weiter auseinan-

Die Bars sollten in ihrer Form der Biegung des Rückenverlaufs des Pferdes gerecht werden und im Schulter- und Lendenwirbelbereich freigestellt sein.

Hier ist die Winkelung zu steil.

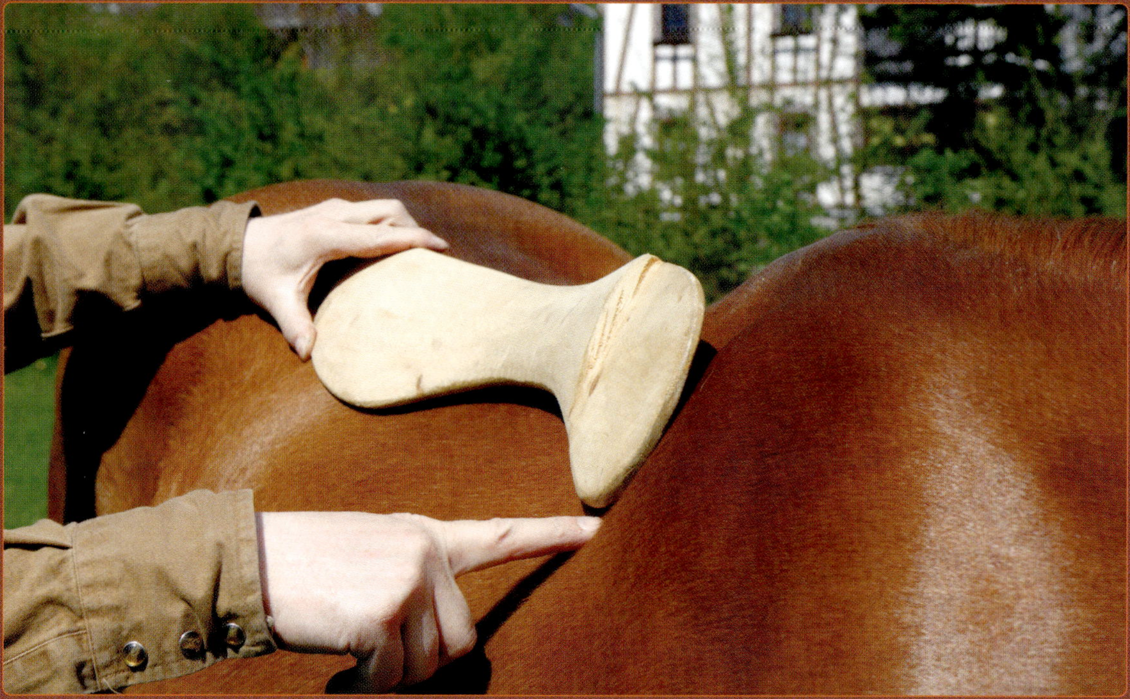

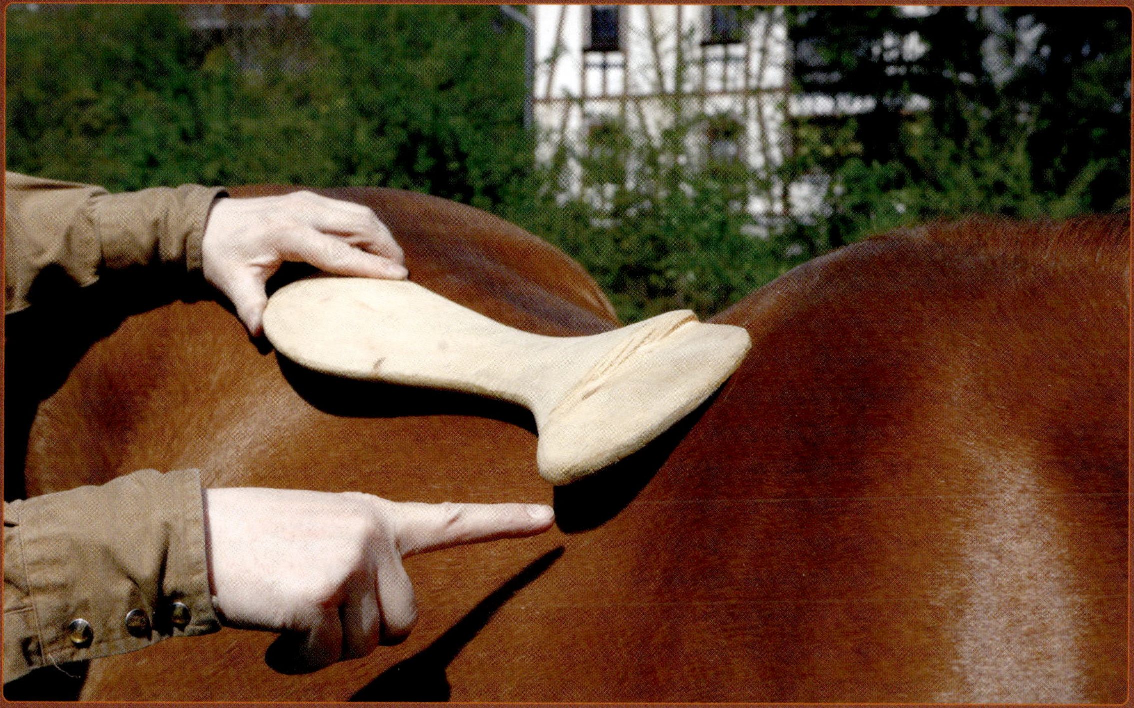

Hier ist die Winkelung zu flach.

Auch zu wenig Biegung in der Längsachse wirkt sich negativ auf die Passform aus. (Fotos: Lenz)

Die Forkformen können variieren von der schmalen A-Fork (Bild oben) über die gemäßigtere Swell-Fork (Mitte) bis hin zur breiten Undercut-Fork (unten). (Fotos: Rieser)

der und müssen flacher gewinkelt sein. Bei schmalen Pferden stehen sie näher zueinander und sollten steiler gewinkelt sein. Gerade die sehr wichtige Winkelung der Bars wird bei Westernsattelbäumen nicht definiert oder angegeben. Dies erschwert die Auswahl eines passenden Sattels sehr. Manche Hersteller von Sattelbäumen produzieren diese nur in unterschiedlichen Weiten, ohne dass Winkelung, Wölbung oder Drehung der Bars verändert sind.

Entscheidend für die Breite des Sattelbaums ist der Abstand der Bars zueinander (der Gullet) unter der Fork. Die Fork selbst kann in ihrer Form stark variieren. So gibt es sehr breite Formen mit Undercut über gemäßigtere Formen mit mehr oder weniger Swell bis hin zu einer A-Fork (siehe Fotos links).

Die Forkformen kennzeichnen traditionell die Bezeichnung der verschiedenen Westernsattelbäume wie zum Beispiel Santa Fe, Butch Cassidy, Wade, Bowmann, Slick-Fork, Porter, Visalia oder Buster Welch, um nur einige zu nennen.

Die Gulletweite, also der Abstand der Bars zueinander, ergibt die eigentliche Weite des Sattelbaums. Maßangaben wie zum Beispiel Semi Quarter Horse und Full Quarter Horse sind nicht genormt und bilden somit nur einen sehr groben Anhaltspunkt, wie weit die Bars im vorderen Bereich auseinanderliegen.

Die Widerristhöhe ergibt sich aus der Gullethöhe, die von einer ebenen Fläche, auf der der Sattelbaum liegt, bis zur Forkoberkante gemessen wird. Entscheidend für die erforderliche Widerristfreiheit ist das Maß unter der Fork. Durch die verschieden ausgearbeiteten Forkformen kann trotz hoher Gulletangabe (zum Beispiel 8,5 Zoll) die Widerristfreiheit zu gering sein, wenn der Forkverlauf nach unten geschwungen und eingeengt ist.

Die Sitzlänge des Westernsattels ergibt sich aus dem Abstand von Fork zu Cantle. Das Maß wird hinter der Fork bis zum höchsten Punkt des Cantles gemessen (siehe auch Seite 61). Die Verbindungsflä-

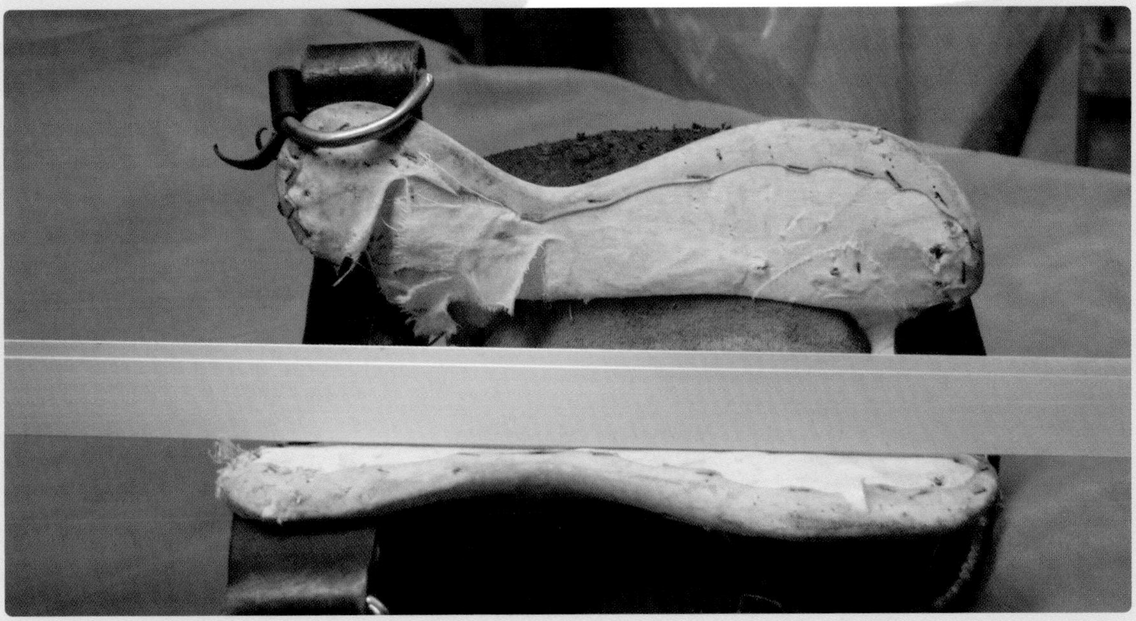

Ob und wie stark die Bars gebogen sind, zeigt die Überprüfung mit einem Lineal – hier bei einem Billigsattel mit aufgetackerter Rohhaut. (Foto: Rieser)

chen von Fork und Cantle zu den Bars sind bei traditionell gefertigten Sattelbäumen relativ klein. Ein Verschrauben und Verkleben der Einzelteile würde der auftretenden Belastung beim Reiteinsatz nicht standhalten. Aus diesem Grund wird der Sattelbaum mit nasser Rohhaut überzogen und vernäht. Die Nähte bestehen im Idealfall aus Hirschrohhaut, die eine sehr hohe Reißfestigkeit besitzt ebenso wie der Baumüberzug aus Rinderrohhaut auf Feuchtigkeit reagieren und entsprechend arbeiten kann.

Die für die Bearbeitung eingeweichte Rohhaut schrumpft nach dem Beziehen auf die Holzteile durch den Trocknungsvorgang, sodass sich ein sehr hoher Festigkeitsverbund der einzelnen Sattelbaumteile ergibt. Diese Eigenschaft des Aufschrumpfens bietet keiner der heute verwendeten Ersatzkunststoffe.

Bei einem mit Rohhaut überzogenen Sattelbaum können das Nahtbild, der Sichtabstand und das verwendete Nahtmaterial sowie die Rohhautstärke Aufschluss über die Qualität liefern. Nähte aus Baumwolle oder Nylonfasern weisen auf einen Baum von niederer oder maximal mittlerer Qualität hin. Eine papierdünne oder aufgetackerte Rohhaut hat nur optische, aber keine verbindende und haltende Funktion. Ein

Ein Zeichen für gute Qualität ist ein Rohhautüberzug mit Rohhautnaht. (Fotos: Rieser)

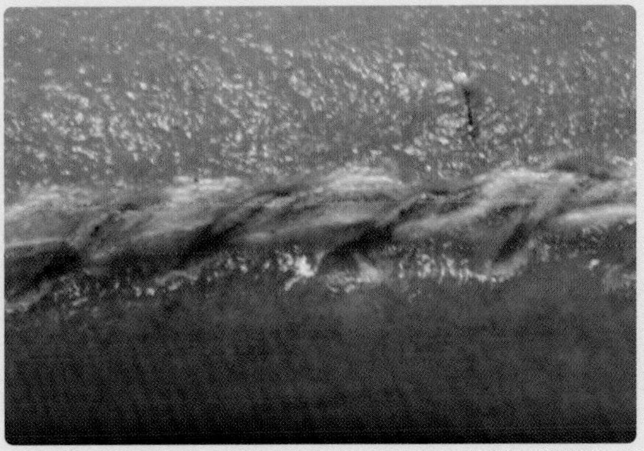

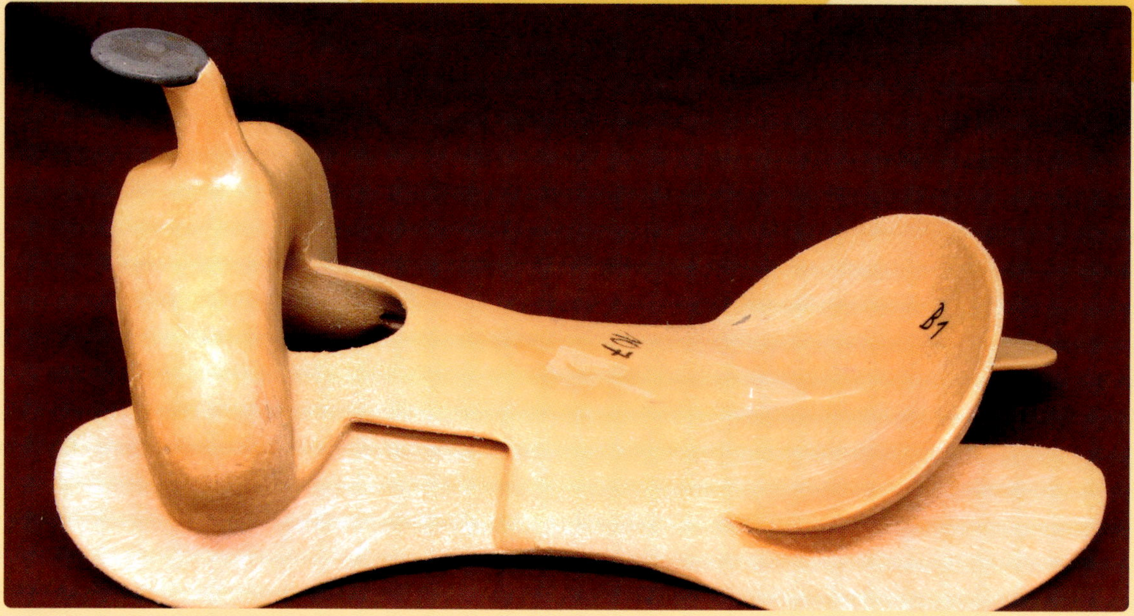

Auch Westernsattelbäume können ganz aus Kunststoff gefertigt sein. (Foto: Rieser)

Sattelbaum mit solch einer „Mogelpackung“ ist von der Qualität ganz niedrig einzuordnen.

Billige Sättel haben fast immer einen Holzbaum von schlechtester Qualität. Bei einigen bestehen die Bars aus zwei Brettern und weisen keine dem Pferderücken angepasste Biegung und Drehung in Längsachse auf. Solche Sättel passen auf keinen Pferderücken (siehe Foto auf Seite 65).

Da das zeitaufwendige Einnähen eines Sattelbaums mit Rohhaut viel Erfahrung und Geschick erfordert, sind einige Hersteller dazu übergegangen, die Bäume stattdessen mit Epoxidharz und Glasfaserverstärkung zu umhüllen. Kohlefasern können ebenfalls zum Einsatz kommen. In besonders belasteten Bereichen des Sattelbaums können Glasfasermatten mehrlagig laminiert werden. Dadurch lässt sich eine hohe Stabilität erreichen.

Eine weitere Möglichkeit ist das Eintauchen oder Überspritzen mit Kunststoff. Diese Methode ist am wenigsten zeitaufwendig, doch sind diese Sattelbäume weit weniger belastbar als die mit starker Rohhaut überzogenen oder mit Glasfaser verstärkten Sattelbäume.

Veränderbarkeit der Sattelpassform

Die Passform eines Sattels muss sich der im Leben eines Pferdes ändernden Anatomie anpassen lassen.

Manche Sattelbäume lassen sich in Teilbereichen mechanisch verstellen. Ebenso gibt es Sattelbäume, bei denen die Winkelung der Trachten durch konische „Unterlegscheiben“ verstellenbar ist. Die Mechanik dieser Sattelbäume entfernt den Reiter immer weiter vom Pferderücken. Diese Sattelbäume sind als experimentell zu bezeichnen.

Außerdem gibt es Sättel, bei denen das Kopfeisen ausgetauscht werden kann. Allein damit wird die ideale Passform jedoch noch nicht hergestellt, sondern meistens sind weitere Maßnahmen erforderlich.

Durch Pressverfahren, bei denen das Kopfeisen durch mechanischen Druck verengt oder geweitet wird, kann der Sattel Schaden nehmen, da das Kopfeisen mit dem Sattelbaum formschlüssig vernietet ist. Wird nun der Sattel in diesem Bereich gedrückt, scheren die Nieten ab oder das Material des Sattelbaums gibt in der Nietbohrung nach. Diese Art der Änderung ist höchst brachial, und gerade Holzbäume sind dabei im höchsten Maße bruchgefährdet.

Es gibt durchaus Sättel, die ein Pferd ein Leben lang begleiten können – vorausgesetzt, eine Fachwerkstatt führt die erforderlichen Änderungen der Passform durch. Voraussetzung ist ein sensibler Reiter, der in der Lage ist, durch ständige Beobachtung seines Pferdes zu erkennen, wenn der Sattel nicht mehr richtig passt. Sattelsysteme, bei denen Passformänderungen durch den Benutzer selbst durchgeführt werden können, setzen anatomische Kenntnisse voraus.

Einige Sättel sind so konzipiert, dass eine Passformänderung nicht oder nur schwer möglich ist – dies gilt zum Beispiel auch für in Leder eingenähte Bäume. Wer einen solchen Sattel erworben hat, muss sich nach dem Motto „für jeden Altersabschnitt einen Sattel" häufig einen neuen Sattel anschaffen. Das kann sehr teuer und für das Pferd schmerzhaft werden.

Doch auch bei Western- oder Endurancesätteln lassen sich spätere Passformänderungen verwirklichen, sofern bei der Konzeption des Sattels eine Abänderungsmöglichkeit bedacht und vorgesehen wurde. Die Änderungen werden dann direkt am Sattelbaum mit Leder- oder Filzaufbauten durchgeführt. Wichtig ist dabei, dass sie dem Pferderücken gleichmäßig angepasst werden, und auch die Verengung der Auflagefläche durch die Sattelunterlage muss gerade im Schulter- und Widerristbereich einkalkuliert werden. Bei einer schmalen Winkelung des Widerrists verengt sich durch ein Pad die Sattellage proportional stärker als bei breiter Widerristwinkelung. Durch die Verengung wird der Sattel im vorderen Bereich stärker angehoben, und der Tiefpunkt des Sitzes verlagert sich deutlich nach hinten.

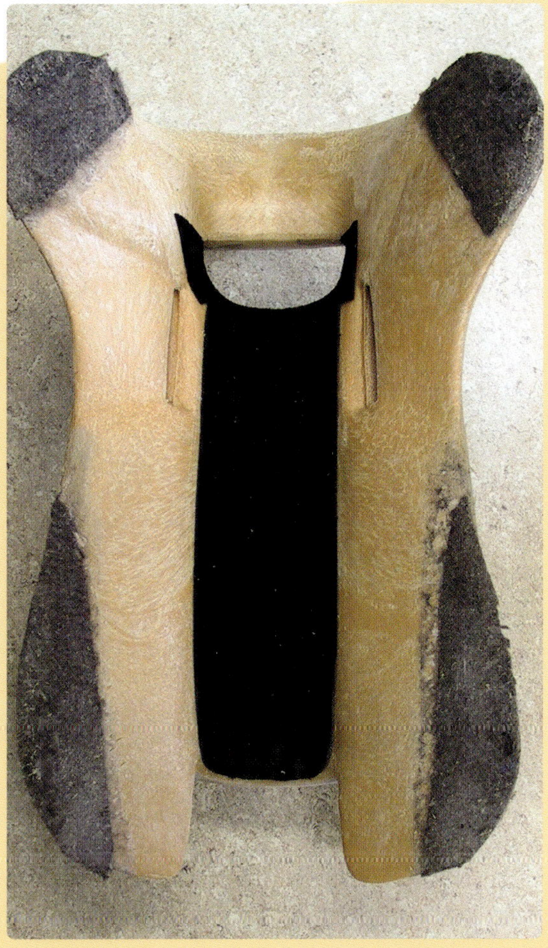

Mit Filzaufbauten können auch Westernsattelbäume nachträglich verändert werden. (Foto: Rieser)

Besondere Sattelkonstruktionen

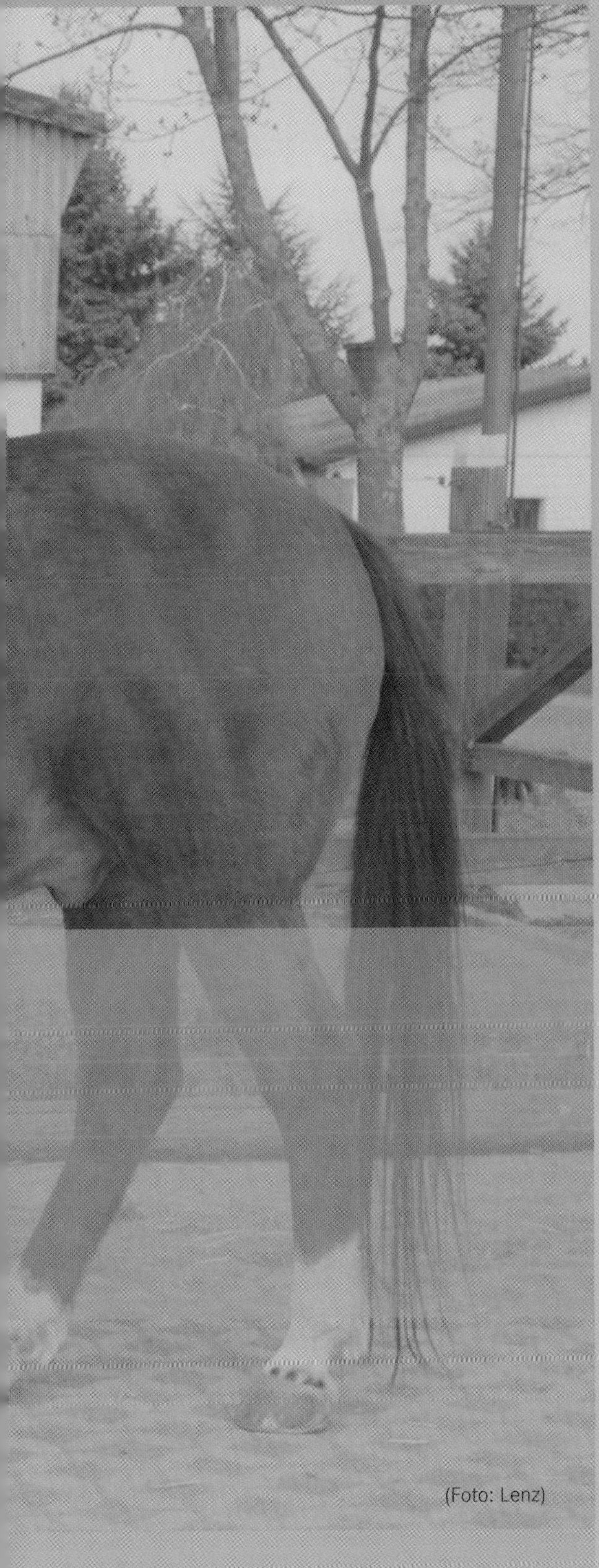

(Foto: Lenz)

Der Wunsch nach neuen Entwicklungen macht auch vor dem Sattelbau nicht halt. Mit zum Teil recht hoch gegriffenen Versprechungen wird auf moderne Alternativen zum klassischen Sattel aufmerksam gemacht. In den meisten Fällen ist bei genauerer Betrachtung allerdings festzustellen: An die Qualität und den Tragekomfort althergebrachter Sattelbautechnik kommen die neuen Ideen nicht heran.

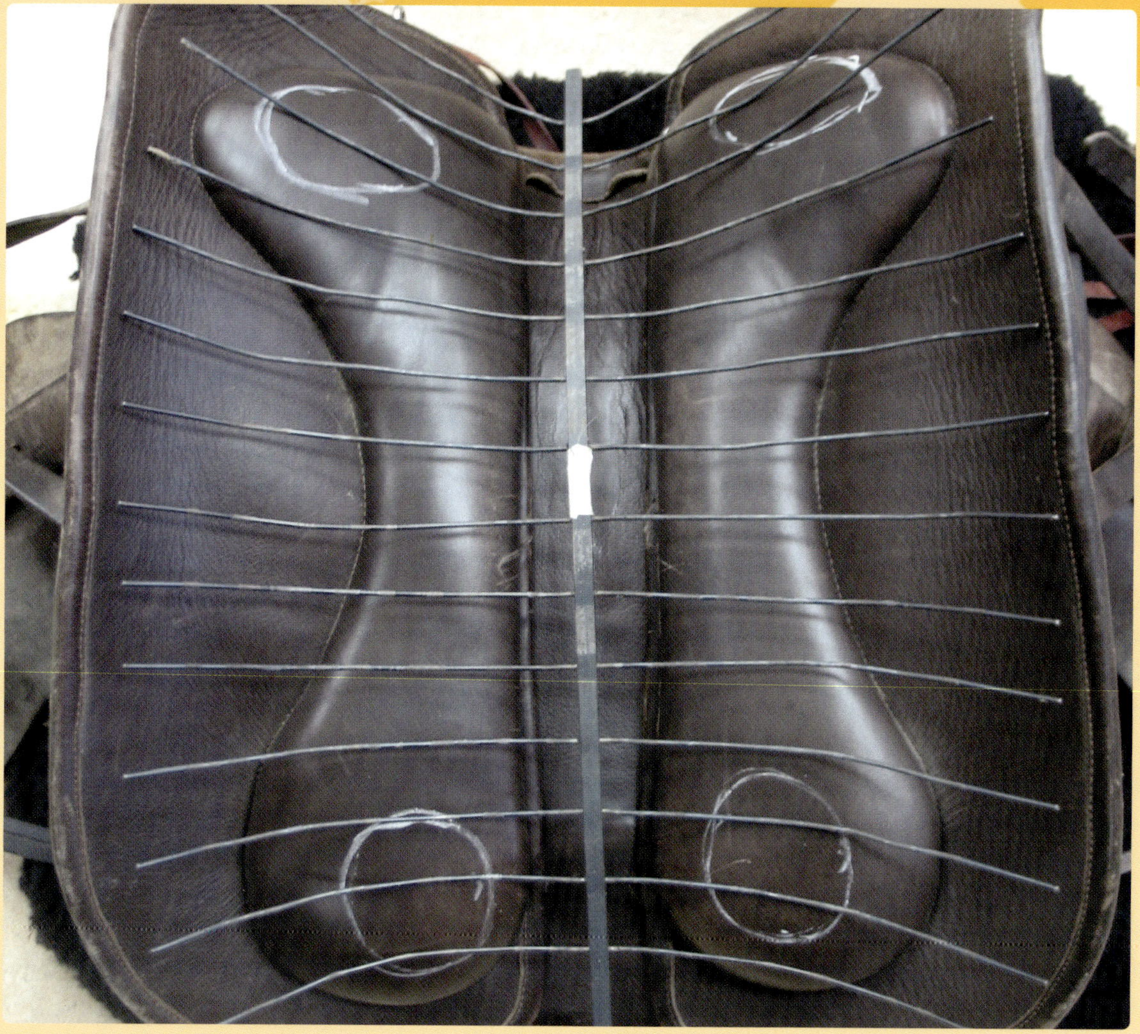

Bei diesem Sattel ist deutlich zu erkennen, dass er nur auf vier Punkten auf dem Pferderücken aufliegt und damit hohl liegt – für das Pferd ein ähnlicher Effekt, als wenn wir einen vierbeinigen Hocker auf seinem Rücken befestigen würden. (Foto: Rieser)

Flexible Sättel

Jeder Sattel sollte eine gewisse Flexibilität haben. Werden Sättel als flexibel angepriesen, ist die Erwartungshaltung meist besonders hoch. Formulierungen wie „biegt sich", „gibt nach", „passt sich an", „folgt den Bewegungen" suggerieren allesamt gutes, schonendes Reiten.

Es wäre überaus erfreulich, wenn es ihn endlich geben würde, den Sattel, der sich automatisch auf den Pferderücken einstellt. Es müsste ein sehr intelligenter Sattelbaum sein, denn er müsste sich hinsichtlich Weite, Winkelung, Biegung und Drehung der Auflagefläche von allein auf die Pferderückenform einstellen.

Tatsächlich gelingt dies keinem der auf dem Markt befindlichen Sattelbäume. Und wenn man bei den sogenannten flexiblen Sätteln genauer hinschaut, wundert man sich, wie starr und unflexibel so mancher Sattelbaum ist. Sämtliche flexible Systeme geben vor, eine Passformoptimierung dadurch zu erreichen, dass sich der Sattelbaum durch Gewichtseinwirkung des Reiters und durch die Bewegung des Pferdes anpasst.

Dazu stellen sich einige Fragen: Passt der Sattel also unter einem schweren Reiter besser als unter einem leichten? Welche Druckeinwirkung macht den Sattel passender – die des Reiters oder die des Pferdes? Wie wirken sich Druck und Bewegung durch Pferd und Reiter auf die Passform aus? Welchen Bereich des Sattels macht sich das Pferd durch die Bewegung passend?

Die Argumentation lässt sich auch umdrehen: Alles, was sich anpassen muss, passt nicht! Ist der Sattel zum Beispiel im Schulterbereich zu eng und gibt bei der Bewegung des Pferdes nach, ist bei jedem Schritt des Pferdes ein Kraftaufwand erforderlich, damit sich der Sattelbaum in diesem Bereich anpasst. Hätte der Baum die korrekte passende Form, um das Schulterblatt und dessen Bewegung freizugeben, wäre es für das Pferd angenehmer und würde seinen Bewegungsablauf nicht stören. Maximal lässt sich sagen: Wenn die Passform des Sattelbaums korrekt konzipiert ist, kann der Sattel auch bis zu einem gewissen Grad flexibel sein. Die Flexibilität ist dann nicht schädlich.

Die Werbung preist immer wieder gern Sattelbäume an, die den Bewegungen des Pferdes folgen sollen. Ein solcher Sattelbaum müsste aus sehr weichem und nachgiebigem Material bestehen – das dann aber nicht die erforderliche Tragfähigkeit besitzen würde. Die tatsächlich verwendeten, angeblich flexiblen Materialien im Sattelbaumbereich sind viel zu träge, um den schnellen Bewegungen des Pferdes zu folgen.

Gerade bei dem häufigen Problem eines hohl liegenden Sattels wird argumentiert, dass sich flexible Systeme durch das Reitergewicht durchbiegen und damit anpassen. Doch selbst wenn sich die Auflagefläche dem Pferderücken nähert: Die erhöhten Druckpunkte liegen nach wie vor im kritischen Bereich der Schulter und der Lenden des Pferdes. Hier wird also nur optisch eine „Passform“ erreicht, Schulter- und Lendenwirbelbereich bleiben überbelastet. Manche Sattelhersteller argumentieren, es sei nötig, dass der

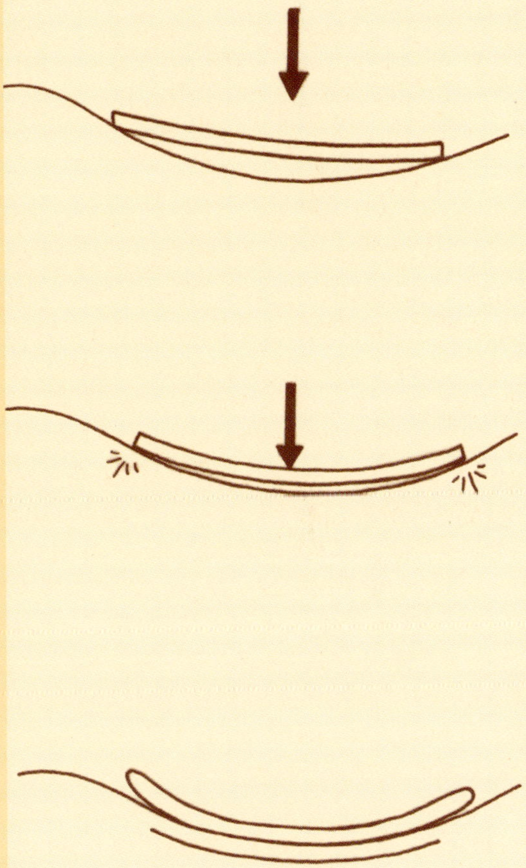

Bei flexiblen Sattelbäumen, die hohl liegen (oben), nähert sich bei Druck des Reitergewichts zwar die Auflagefläche dem Pferderücken an, doch die punktuelle Belastung bleibt bestehen (Mitte). Die einzige Lösung ist ein passender Sattelbaum (unten). (Zeichnung: Rieser)

Ein passender Sattel gibt dem Pferderücken genügend Freiraum, um sich unter dem Reiter aufwölben und damit tragfähig arbeiten zu können. (Foto: Slawik)

Sattel im mittleren Bereich hohl liege, da so der „Freiraum“ geschaffen werde, damit das Pferd überhaupt erst in die Lage versetzt werde, den Rücken aufzuwölben.

Diese Argumentation ist absurd, da sich der Rücken erst in der Versammlung aufwölbt. Ein Pferd lässt sich aber nicht über Stunden versammelt reiten. Die meiste Zeit wird das Pferd entspannt und überwiegend im Schritt bewegt. Dabei ist die Muskulatur eher wenig durchblutet. Die Gefahr für Satteldruck ist während einer Langzeitbelastung im Schritt am größten. Zudem ist es äußerst selten, dass es im mittleren Bereich des Sattels zu Satteldruck kommt.

Dieser Bereich der Brustwirbelsäule ist durch die angesetzten Rippen und die stärkere Bemuskelung am meisten belastbar. Hinzu kommt, dass durch die größere Bewegung im Schulter- und Lendenwirbelbereich prinzipiell eine höhere Belastung stattfindet. Einen Freiraum für das kurzfristige Aufwölben des Pferderückens zu lassen, wirkt sich extrem negativ auf die Gewichtsverteilung aus, ist unnötig und schädlich für das Pferd.

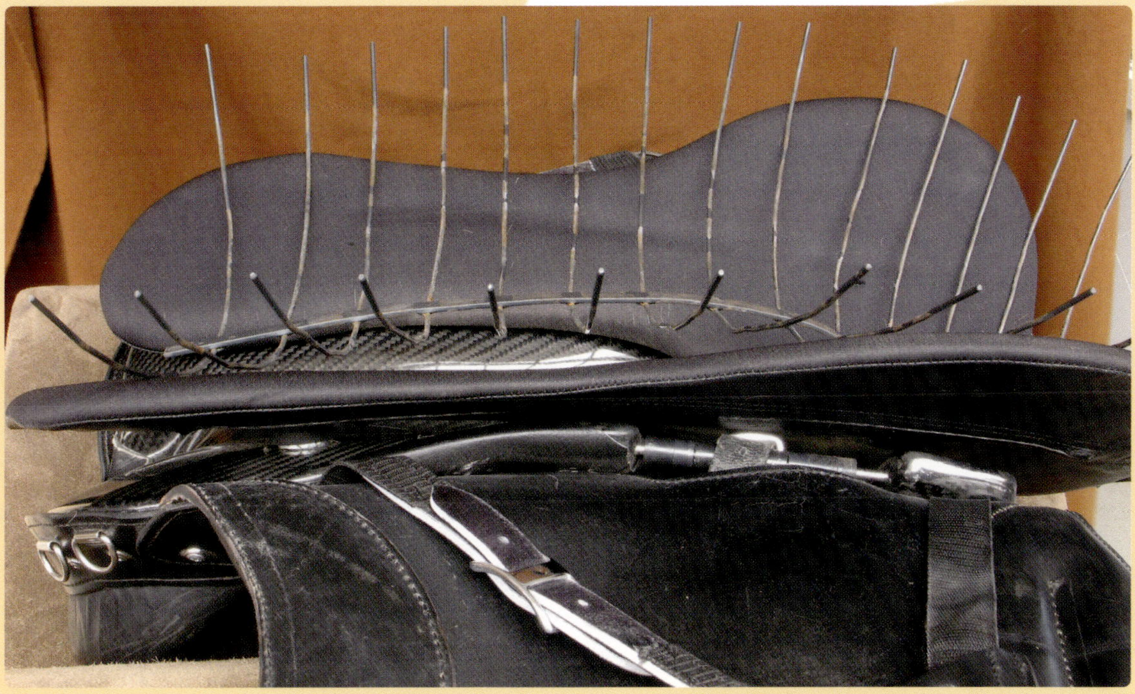

Diese Panels sind beweglich, aber punktuell gelagert, sodass keine gleichmäßige Druckverteilung gewährleistet ist. (Foto: Rieser)

Sättel mit beweglichen Panels

Panels bestehen aus einer oder mehreren flexiblen Kunststoffplatten, die je nach Hersteller unterschiedlich geformt sind. Sie sind am starren Sattelbaum verschraubt und haben eine federnde Wirkung.

Manche Hersteller bieten verschiedene Sattelarten an und verwenden dabei für diese Sättel nur je eine Baumform. Die Passform soll in diesem Fall ausschließlich durch die beweglichen Panels erreicht werden. Dazu sind die Panels je Seite mit zwei kugelartigen Gelenken verschraubt. Behauptet wird, dass sich die Panels dem jeweiligen Pferd automatisch anpassen, ja sogar der Bewegung des Pferdes folgen. Dies soll durch mehrlagige Panels erreicht werden, die so gestaltet sind, dass sie nach außen zu den Randbereichen weicher und flexibler werden.

Auf den ersten Blick klingt das sehr logisch. Schaut man sich diese Systeme genauer an, wird man feststellen, dass zwar optisch durchaus eine Passform, nicht aber eine gleichmäßige Druckverteilung erreicht wird.

Die Panels passen sich in der Winkelung an das Pferd an. Die Panels sind an den Gelenkpunkten aber steif und bilden häufig eine Brücke. Wegen ihrer Größe liegen die Panels auf dem Schulterblatt. Dadurch wird die Verbindung zum Pferd schwammig. Die Panels bewirken außerdem, dass der Reiter hoch über dem Pferd sitzt. Hierdurch wird eine gezielte, feine Hilfengebung erschwert. Ebenso schaukeln sich je nach Gangwerk die Bewegungen von Pferd und Reiter auf.

Diese versteifenden Fragmente von Fork und Cantle sind in einen „baumlosen“ Sattel integriert. (Foto: Rieser)

Der Sitz des Reiters in Pferderückennähe ist für ein korrektes Reiten mit exakter, feiner Hilfengebung unverzichtbar. Um den Abstand zum Pferderücken beurteilen zu können, stellen Sie sich seitlich neben das gesattelte Pferd und schauen sich die Grundpositionierung des Sattels im Verhältnis zum Pferderückenverlauf an.

Andere Hersteller arbeiten mit Panels, die am Baum verschraubt sind. In diesem Fall bieten die Panels eine größere, flexible Auflagefläche. Solche Sättel, die oft zusätzliche Polstertaschen aufweisen, die mit verschiedenen Einlagen gefüllt werden können, ermöglichen eine Feinabstimmung des Sattels auf die Pferd-Reiter-Konstellation und werden häufig im Distanzreitsport verwendet.

Baumlose Sättel

Ein nicht passender Sattel mit einem starren Sattelbaum wird langfristig gesehen das Pferd schädigen. Deshalb aber auf den angeblich behindernden, nicht passenden Sattelbaum zu verzichten, stellt den falschen Lösungsversuch dar.

Gewicht lässt sich nur mit einer gewissen Steifheit der Auflage auf eine größere Fläche verteilen. Eine Decke passt sich gut dem Pferderücken an, bildet aber bei Belastung durch den Reiter keine größere Auflagefläche, die den Pferderücken entlasten könnte. Ein weiteres Problem des baumlosen Sattels sind die Bügelaufhängungen, die punktuellen Druck erzeugen. Schaut man sich die baumlosen Sättel genauer an, wird man feststellen, dass die meisten eigentlich nicht ganz baumlos sind. Viele dieser Sättel haben vordere und hintere feste Begrenzungen, die der Sicherheit und dem Komfort des Reiters dienen. Verzichtet wird hauptsächlich auf die für das Pferdewohl wichtige tragfähige Konstruktion, die das Reitergewicht auf eine große Fläche des Pferderückens verteilt.

Manche Hersteller baumloser Sättel bieten mittlerweile zusätzliche Versteifungen in Form von Kunststoff- oder Lederplatten an, um sich wieder der erforderlichen Tragfähigkeit des Sattels anzunähern. „Baumlos“ ist also doch nicht ganz „baumlos“.

Auf Dauer lässt sich ein Pferd nur gesund erhalten, wenn das Gewicht des Reiters durch den Sattel optimal auf dem Pferderücken verteilt wird.

Für einen leichten Reiter, der sein Pferd nur kurz reitet, kann ein baumloser Sattel eine preiswerte Lösung darstellen. Bei längeren Ritten oder Ritten mit Gepäck werden die Grenzen dieser Sättel jedoch schnell erreicht. Außerdem wird bei einer gewissen Breite des Pferderückens der Reiter bei Verwendung eines baumlosen Sattels stark gespreizt, und das Reiten wird unangenehm.

Unflexible Sättel

Bei unflexiblen Sätteln ist der Sattelbaum meist formschlüssig im Leder eingenäht. Dem Sattel fehlt damit jegliche flexible Übergangszone vom tragfähigen Sattelbaum zum Pferderücken. Zusätzlich wird die Auflagefläche nur auf die Tragfähigkeit und Größe der Trachten des Sattelbaums reduziert. Ein klassisches Beispiel ist der McClellan-Sattel. Bei solchen Sätteln kann die Passform nicht geändert werden.

Das Foto unten zeigt ein weiteres Beispiel für einen unflexiblen, hier französischen Satteltyp mit sehr kleiner Auflagefläche. Außerdem eckt der Sattel schnell am Schulter- und Lendenwirbelbereich an.

Vorn schmal, hinten breit – dieser unflexible Sattel aus Frankreich passt auf kein Pferd. (Foto: Rieser)

Den richtigen Sattel finden

(Foto: Lenz)

Wer einen Sattel kaufen möchte – ob neu oder gebraucht –, hat die Qual der Wahl: Informationen gibt es auf Messen, in Fachseminaren, im Internet, bei Ausbildern oder Reiterkollegen, in der Fachpresse – und natürlich in diesem Buch! Wo der Sattel gekauft wird, ist für die langfristige Zufriedenheit von Pferd und Reiter von entscheidender Bedeutung.

Man muss sich darüber im Klaren sein, dass diese Anbieter unterschiedlich auf Probleme wie zum Beispiel die Passform eingehen können – intensiv, nur wenig oder auch gar nicht.

Verschiedene Anbieter von Sätteln – Vor- und Nachteile

Hersteller	Fertigung von Seriensätteln auf standardisierten Sattelbäumen Es werden verschiedene Modelle mit unterschiedlicher Sitzlänge und Kammerweite hergestellt Belieferung des Fachhandels
Händler	Meist wird der passendste Sattel aus einem Sortiment ausgewählt Anfertigung oder Sitteländerung über einen Händler teilweise möglich Wie werden Maße von Pferd und Reiter erfasst? Wie werden die Maße übermittelt und wo wird der Sattel hergestellt oder geändert? Wie wird die Passform oder Änderung des Sattels überprüft?
Reitlehrer, Trainer, Ausbilder	Hilft seinem Reitschüler, den richtigen Sattel zu finden, und steht beratend zur Seite Bezieht seine Sättel vom Hersteller oder Händler oder arbeitet mit einem Sattler zusammen
Sattler	Individuelle Herstellung Eventuell auch Einzelanfertigungen von Sattelbäumen Die Anfertigung liegt vom Maßnehmen bis zur Fertigstellung in einer Hand Es gibt nur einen Ansprechpartner, auch bei Reklamationen
Privatperson	Keine Gewährleistung Passform ist Glückssache
Versandhandel	Der Kunde wählt selbst aus und übernimmt die Verantwortung für die Passform Passform ist Glückssache

Sattelkauf ist Vertrauenssache

In den meisten Fällen vereinbart der potenzielle Sattelkunde einen Termin mit dem Sattler oder Sattelhändler bei seinem Pferd. Dabei wird eine Auswahl aus dem Sortiment auf den Pferderücken gelegt und oft nur visuell beurteilt. Erste Einschränkungen ergeben sich bereits:

- durch den vom Kunden gewünschten Satteltyp
- durch die für den Reiter erforderliche Sitzlänge und Ausformung des Sattels
- durch die für das Pferd erforderliche Größe des Sattels
- durch die vom Kunden gewünschte Optik des Sattels
- durch die schon vom Kunden zu erkennende mangelhafte Passform
- durch die Preisvorstellung des Kunden

Auch wenn mit passformbeurteilenden Hilfsmitteln (siehe ab Seite 88) seriös gearbeitet wird, wird lediglich der Sattel aus dem Sortiment ausgewählt, der relativ am besten passt, was jedoch noch lange nicht heißt, dass es auch der wirklich passende Sattel ist.

„Sattelanpassung" ist dabei ein häufig missbrauchter Begriff. Viele Reiter sprechen schon vom „Anpassen", wenn verschiedene Sättel auf dem Pferd ausprobiert werden und der Sattel schließlich nur aus dem vorhandenen Sortiment ausgewählt wurde. Es heißt dann so schön: „Es war jemand da, der den Sattel angepasst hat."

Voraussetzung für eine echte Anpassung ist, dass der Sattel in seiner Auflagefläche oder Polsterung, in Teilbereichen oder komplett, der jeweiligen Form des Pferderückens angepasst werden kann. Ein Sattel, der zum Beispiel in der Mitte der Auflagefläche hohl liegt, kann durch eine Veränderung der Polsterung angepasst werden und den entsprechenden Tragekomfort für das Pferd sicherstellen. In solchen Fällen ist entscheidend, ob der Sattelverkäufer selbst dafür die Möglichkeit und Fertigkeit besitzt. Je nach Satteltyp und Qualifikation des Sattelanbieters kann dies direkt vor Ort durchgeführt werden. Ist das nicht möglich, wird der Sattel im Idealfall direkt in der angeschlossenen Sattlerei umgebaut. Schickt der Händler den Sattel zum Beispiel zum Umpolstern an den Hersteller, ist darauf zu achten, wie die Änderung definiert und ausgeführt werden soll. Auch hier ist für den Erfolg der Änderung entscheidend, wie genau Maß genommen, übermittelt und überprüft wird!

Völlig unzureichend ist, wenn dem Kunden nur zugesagt wird, den Sattel in der passenden Form und Größe beim Hersteller bauen zu lassen, ohne Maß zu nehmen und entsprechende Aufzeichnungen zu machen. Allein die Anwesenheit eines Experten gibt vielen Sattelkunden das Gefühl, den richtigen Sattel zu erhalten. Doch es gibt unter den Fachleuten deutliche Unterschiede, und unverständliche Vorgehensweisen sollte man ruhig hinterfragen.

Die Beurteilung eines Sattels auf dem Pferderücken

Die Passformbeurteilung eines Sattels ist nicht mit einem Blick erledigt – auch nicht von einem noch so erfahrenen Fachmann. Neben der Gesamtbetrachtung kommt der Beurteilung der Lage des Sattels im Schulter- und Widerristbereich eine besondere Bedeutung zu. Außerdem sollte man nicht nur mit den Augen, sondern auch mit den Fingern die Auflagefläche gründlich überprüfen. Zu beachten ist zudem, dass sich die Passform gebrauchter Sättel oft besser einschätzen lässt, da sich Lederteile und Polsterung durch die Benutzung bereits gesetzt haben.

Gesamtbetrachtung von außen

Zur grundlegenden Überprüfung sollte der Sattel zuerst ohne Sattelunterlage oder Pad auf das Pferd gelegt werden. Dabei wird der Sattel vom Schulterblatt dem Haarverlauf entsprechend nach hinten geschoben, bis die Vorderkante des Sattelbaums hinter dem Schulterblatt liegt. Bei einem herkömmlichen Sattel deckt sich die Vorderkante der Polsterung in etwa mit der Vorderkante des Sattelbaums. Bei Western- oder Endurancesätteln mit Skirts muss genau abgetastet werden, wo der Sattelbaum anfängt. Der flexible Skirt liegt auf dem Schulterblatt, der Sattelbaum dahinter. Skirts machen also nicht die richtige Lage des Sattels auf dem Pferderücken sichtbar.

> Jeder Sattel muss mit dem vorderen Abschluss des Sattelbaums hinter dem Schulterblatt liegen und genügend Freiraum für die Bewegung bieten.

Liegt der Sattel auf dem Pferd, ist der Pferderücken verdeckt und eine visuelle Beurteilung gerade im mittleren Bereich der Auflagefläche unmöglich. Sichtbar von außen sind aber Sitzausformung, Sitzpositionierung und Sitzlänge. Dazu stellen sich folgende Fragen:

- Ist die Sitzausformung im Verhältnis zum Oberlinienverlauf ausgewogen?
- Stimmt die Sitzpositionierung?
- Belaste ich mein Pferd durch einen zu langen Sitz oder die Gesamtlänge des Sattels zu stark im Lendenwirbelbereich?

All diese Faktoren sind sehr wichtig, da das Pferd eine zu weit nach vorn oder nach hinten verlagerte Sitzpositionierung des Reiters nicht kompensieren kann. Auch wenn der Sattel dem Pferd optimal passt, kann das Pferd durch falsche Positionierung des Reiters überbelastet werden, sodass es sich nicht frei und locker bewegen kann.

Die Bilder zeigen, wie unterschiedlich sich der tiefste Punkt der Sitzausarbeitung auf dem Pferd darstellen kann. Wichtig ist, dass Sättel auf einem herkömmlichen Sattelprobierbock meist nicht in der gleichen Ebene wie später auf dem Pferd liegen, es sei denn, es steht ein verstellbarer Probierbock zur Verfügung.

Bei der Positionierung des Reiters ist der Oberlinienverlauf des Pferdes zu beachten. Bei überbauten Pferden wird der Sattel hinten angehoben und der Reiter hat das Gefühl, bergab zu reiten. Bei einem solchen Pferd muss der Sattel vorn im Sitz mehr ansteigen (mehr Built-up haben).

Dagegen sollten keine Änderungen der Passform des Sattels auf dem Pferderücken vorgenommen werden, um die Sitzposition anzupassen. Denn würde ein Sattel vorn verengt, hätte dies ein Anheben des gesamten Sattels im vorderen Bereich zur Folge. Der Sitz wird hierdurch mit angehoben, der Sattel liegt dann aber im mittleren Bereich hohl und drückt in den Lendenwirbelbereich.

Auch die bei herkömmlichen Sätteln oft eingesetzten Keilkissen verändern die Passform des Sattels mit teilweise fatalen Folgen. Diese Satteltypen bilden eine Brücke, der Sattel liegt hohl und drückt somit verstärkt im Schulter- und Lendenwirbelbereich.

Beurteilung des Schulter- und Widerristbereichs

Bei herkömmlichen Sätteln lässt sich die Winkelung des Kopfeisens mit der Winkelung des Widerrist- und Schulterbereichs vergleichen – beide sollten möglichst übereinstimmen.

Dieser Sattel taucht deutlich vorn ab.

Der Sitztiefpunkt liegt bei diesem Sattel zu weit hinten.

Ein Sattel mit einer ausgewogenen Sitzpositionierung. (Fotos: Rieser)

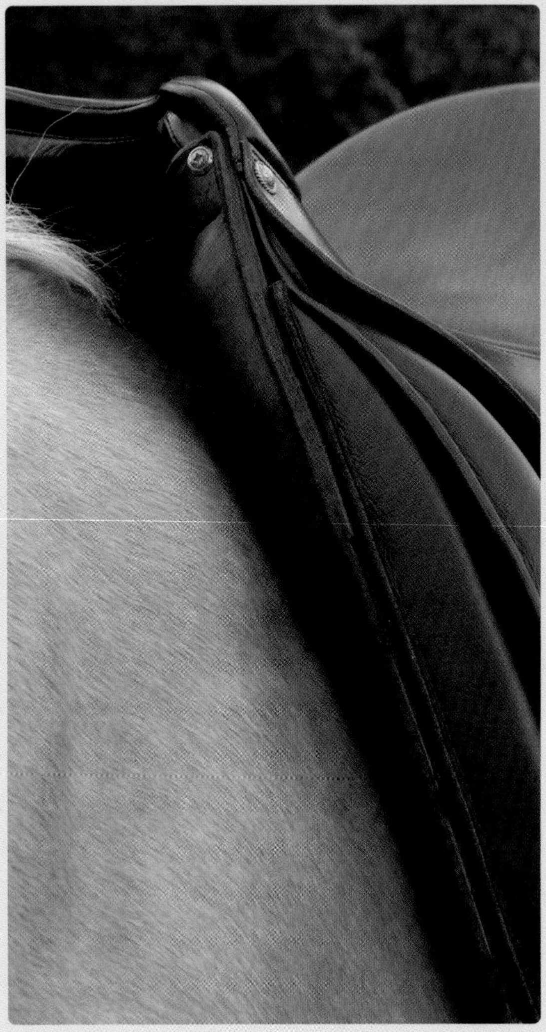
Hier passt die Winkelung des Kopfeisens zur Winkelung von Widerrist und Schulter. (Foto: Lenz)

Bei Westernsätteln ist es nicht leicht festzustellen, ob die Winkelung der Bars zu der des Pferdes passt. Die Skirts sind flexibel und können eine gute Passform vortäuschen.

Die Widerristfreiheit nach oben und zur Seite sollte unter Reitergewicht beurteilt werden, beim Westernsattel mit entsprechendem Pad. Der Sattel darf auf keinen Fall auf dem Widerrist aufliegen. Auch die seitliche Widerristfreiheit muss vorhanden sein, da der Sattel sonst dort schnell Quetschungen verursachen kann.

Beurteilung des Lendenwirbelbereichs und der Wirbelsäulenfreiheit

Liegt der Sattel auf dem Pferd, kann die Rippenwölbung mit der Winkelung des Sattels verglichen werden: Sind die Rippen stark gewölbt oder ist das Pferd von den Rippen her eher abgedacht? In letzterem Fall ist besonders auf die Wirbelsäulenfreiheit nach oben zu achten, da die knöchernen Dornfortsätze der Wirbel den höchsten Punkt bilden. Zu wenig Freiheit nach oben lässt den Sattel auf den Dornfortsätzen aufliegen, was für das Pferd äußerst schmerzhaft ist.

Fühlen mit den Fingern

Es ist sinnvoll, die Passform des Sattels im Schulter- und Lendenwirbelbereich mit untergeschobenen Fingern auf zu starken Druck zu überprüfen. Dazu führt man die Finger unter den Sattel bis in den Schulterbereich und übt mit der freien Hand Druck auf den vorderen Bereich des Sattels aus. Werden die Finger unangenehm gequetscht, ist der Sattel zu eng. Aber auch zu viel Freiheit ist ein Indiz für eine schlechte Passform.

Sättel mit Skirts ecken sehr schnell an. Unbedingt ist eine Überprüfung mit Pad erforderlich. Es macht bei dieser Prüfung auch einen Unterschied, ob Sie mit den Fingern zwischen Pferd und Pad fühlen oder zwischen Pad und Sattel. Diese Prüfungen sollten auch im Widerristbereich vorgenommen werden.

Den Lendenwirbelbereich können Sie zusätzlich von oben im Sattel sitzend überprüfen, indem Sie mit den Fingern das Sattelende abtasten. Selbst unter Reitergewicht sollten Sie mit den Fingern locker am

Dieser Sattel passt mit der steilen Winkelung seiner Kissen nicht zur Rippenwölbung des Pferdes. (Foto: Lenz)

Hier sind die Polster zu flach gewinkelt und der Wirbelsäulenkanal ist zu schmal. (Foto: Rieser)

Die Winkelung passt zum Rückenverlauf, die Wirbelsäule liegt deutlich frei. (Foto: Rieser)

Die Skirts drücken bei diesem Pferd stark in den Lendenwirbelbereich. (Foto: Rieser)

Der Druck des Sattels wird im Schulterbereich ...

... und im Lendenwirbelbereich überprüft. (Fotos: Lenz)

Auch wenn man im Sattel sitzt, sollten die Finger bequem zwischen Sattelpad und Pferderücken passen. (Foto: Lenz)

Sattelende vorbeistreifen können. Die Wirbelsäulenfreiheit sollte bei einem Westernsattel mittig am Skirtende ebenfalls mit den Fingern kontrolliert werden.

Die Auflage im mittleren Bereich des Sattels lässt sich nicht mit der Hand oder den Fingern kontrollieren. Die untergeschobene Hand hebt den Sattel vom Pferderücken ab. Das lässt keine Schlüsse auf die korrekte Passform zu. Leider wird dies immer noch häufig praktiziert und führt zu Fehlinterpretationen der Passform. Lediglich das Fühlen von Druckspitzen im äußeren Sattelbereich ist mit den Fingern möglich. In vielen Anleitungen und Ausführungen für die Passformbeurteilung von Sätteln werden immer noch „Fingerbemaßungen" herangezogen. Leider wird in keiner Veröffentlichung berücksichtigt, dass die Finger verschiedener Personen unterschiedlich dick sind. So kann die Angabe „vier Finger hinter dem Ellenbogen" sehr unterschiedlich ausfallen und ist deshalb für die Beurteilung der Passform ungeeignet.

Die komplette Hand unter den Sattel zu schieben, um die Passform zu ertasten, hebt den Sattel vom Pferderücken ab und lässt keine zuverlässigen Schlusse auf die tatsächliche Auflagefläche zu.

Beurteilung mit Sattelunterlage im gegurteten Zustand

Nachdem der Sattel mit entsprechender Unterlage auf dem Pferderücken angegurtet ist, stellt sich mancher zunächst als passend erscheinender Sattel als völlig unpassend dar. Warum ist das so?

Die Gurtung der Sättel ist meistens im vorderen Bereich angebracht. Durch das Angurten werden viele Sättel vorn nach unten gezogen und stehen hinten ab. Dies wird erst recht bei Verwendung von flauschig weichen Sattelunterlagen oder weichen Polsterungen deutlich.

Im gegurteten Zustand sieht dieser Sattel mit der weichen Unterlage unpassend aus.

Erst mit dem Reitergewicht zeigt sich die gute Passform. (Fotos: Lenz)

Durch das Reitergewicht im Sattel wird sich die richtige Position wieder normalisieren. Der Tiefpunkt stellt sich dann wieder wie bei der Sattelprobe ohne Pad ein. Gerade weiche Pads oder Unterlagen mit einem stoßabsorbierenden Inlay lassen den Sattel in angegurtetem Zustand zunächst schlecht auf dem Pferd aussehen. Westernsättel, die nach dem Gurten im hinteren Bereich mit den Skirts schön am Rücken anliegen, vermitteln dem Laien zunächst eine bessere Passform. Bei Reiterbelastung drücken die Skirts jedoch in den Lendenwirbelbereich. Deshalb ist eine Beurteilung des Sattels ohne Pad auf dem Pferd unverzichtbar.

Die Interpretation des Schweißbildes

Die Beurteilung des Schweißbildes eines Pferdes unter dem Sattel kann sehr aufschlussreich sein. Sie funktioniert jedoch nur bei Sommerfell, da Pferde im Winter eher am Hals oder Rumpf schwitzen als unter dem Sattel.

Bei einem Pferd mit Sommerfell entwickelt sich das Schwitzbild von den Sattelrändern ausgehend von außen nach innen. Durch die starke Bewegung im Randbereich der Sattelauflage fängt das Pferd dort zuerst an zu schwitzen. Der Sattel ist hinter dem Schulterbereich gegenüber den Bewegungen des Pferdes am ruhigsten gestellt. Hebt man den Sattel mit zunehmender Belastung des Pferdes in verschiedenen Etappen vom Pferderücken ab, kann man feststellen, dass ein handflächengroßer Bereich hinter dem Schulterblatt als Letztes durchschwitzt oder trocken bleibt.

Im Idealfall ist nach entsprechender Belastung die Sattellage gleichmäßig durchnässt. Der Wirbelsäulenbereich bleibt trocken, da dort der Sattel nicht aufliegt.

Trockene Stellen können Anzeichen für einen zu hohen punktuellen Druck sein. Sie sollten beobachtet werden, denn sie sind nicht unbedingt ein Anzeichen für einen nicht passenden Sattel. Der Sattel findet hinter dem Schulterblatt das notwendige Widerlager und die seitliche Führung. Hieraus resultiert immer eine höhere Belastung in diesem Bereich. Durch die Gurtung ist der Sattel dort ruhig gestellt. Trockene Bereiche sind auch anders zu bewerten, wenn sie an alten Druckstellen oder Vernarbungen auftreten, weil hier chronische Schädigungen des Gewebes und der Schweißdrüsen vorliegen können. Auch durch zu strammes Gurten können sich bei einem passenden Sattel trockene Stellen bilden.

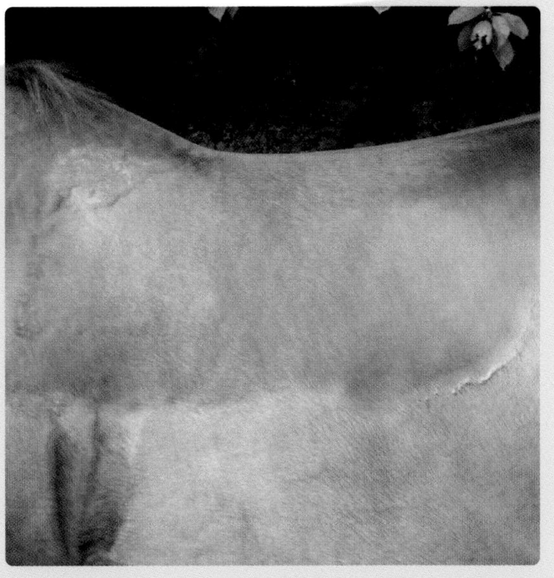

Trockene Stellen hinter der Schulter: manchmal, aber nicht immer ein Anzeichen für zu hohen Druck in diesem Bereich. (Foto: Rieser)

War über Monate oder Jahre ein gleichmäßiges Schwitzbild nach dem Reiten vorhanden und treten auf einmal trockene Stellen in der Sattellage auf, so ist das ein eindeutiges Zeichen dafür, dass der Sattel nicht mehr passt.

Das Schwitzbild ist als alleinige Interpretationsgrundlage für die Beurteilung der Sattelpassform nicht geeignet. Auf jeden Fall muss es längerfristig beobachtet werden, um Schlüsse daraus ziehen zu können. In der Praxis kommt es vor, dass der Sattel trotz eines gleichmäßigen Schwitzbildes nicht passt. Auch das Unterlegen eines weißen Baumwolltuchs zur Passformbeurteilung reicht durch den sich abzeichnenden Abrieb in der Aussagekraft nicht aus, um wirklich die Druckverteilung unter dem Sattel zu ermitteln. Durch die Pferdebewegung wird sich immer ein entsprechend starker Abrieb hinter dem Schulterblatt und im Lendenwirbelbereich zeigen, was zu Fehlinterpretationen führt.

Bewährte Hilfsmittel zur Passformbeurteilung

Ohne Hilfsmittel ist die Passform bei keinem Sattel exakt zu beurteilen. Vor allem zwei Systeme – die Computermessung mit einem Messpad sowie die Verwendung eines Messgerippes – haben sich in der Praxis bewährt.

Die Computerdruckmessung

Bei der Computerdruckmessung wird eine Art Satteluntelage, die mit vielen Sensoren bestückt ist, unter den Sattel gelegt. Computerprogramme werten die Druckbelastung unter Reitergewicht aus und stellen sie in einer dreidimensionalen Grafik oder einem farbigen Druckbild dar.

Bei herkömmlichen Englischsätteln sowie bei allen Gebrauchtsätteln ist die Computermessung aussagekräftig und kann entsprechend interpretiert werden. Bei neuen Westernsätteln, deren Skirts nicht nass dem Sattelbaum angeformt wurden, ist die Messung nicht aussagekräftig und verfälscht das Druckbild. Ebenso lässt sich das Druckbild mit stoßabsorbierenden Sattelunterlagen beschönigen.

Bei korrekter Anwendung kann man mit diesem Verfahren die tatsächliche Druckverteilung unter dem Sattel sichtbar machen. Bei Messung im Stand sollten keine Druckspitzen auftreten, ihr kurzfristiges Erscheinen in der Bewegung ist nicht schädlich. Aufschlussreich ist dieses System auch für die Darstellung der unterschiedlich starken Einwirkung eines geübten und eines ungeübten Reiters. Bei einem Reitanfänger sind bei gleichem Reitergewicht und gleicher Pferd-Sattel-Kombination in der Bewegung deutlich höhere Druckspitzen messbar.

Mit der Computerdruckanalyse kann aus einem Sattelsortiment der am besten passende Sattel ausgewählt werden. Daten für die Fertigung oder Änderung eines Sattels liefert das System nicht.

Das Messgerippe

Das Messgerippe ist ein einfach zu handhabendes Hilfsmittel, um die Rückenform des Pferdes auszumessen. Sowohl Passformkontrolle als auch die Anfertigung eines Sattels sind mithilfe des Messgerippes möglich. Voraussetzung: Das Messgerippe lässt sich anpassen und hat die richtige Größe. Starre und sehr dicke Messgerippe lassen sich selbst von einem Fachmann nur unter größten Anstrengungen an das Pferd anpassen.

Zum Anpassen des Gerippes sollte das Pferd auf einer ebenen Fläche in folgende Position gestellt werden:

- Alle vier Beine sollen tragen
- Längsachse nach vorn gerade ausgerichtet
- Kopfhaltung des Pferdes entspannt in natürlicher Höhe
- Hals des Pferdes gerade nach vorn

Richtige Lage des Messgerippes. Der Finger zeigt auf die Position der zweiten Querrippe hinter dem Schulterblatt. (Foto: Becker)

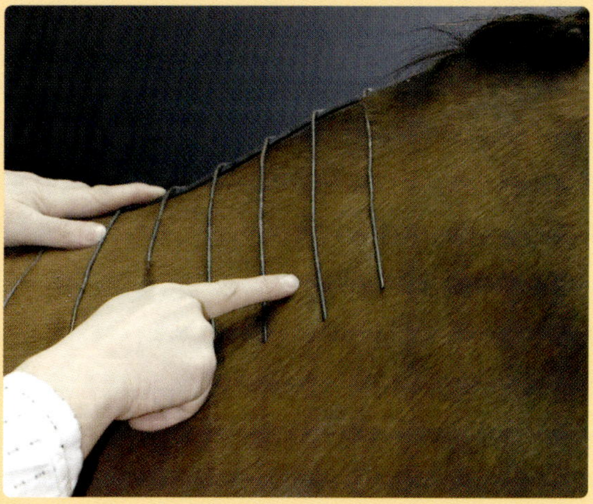

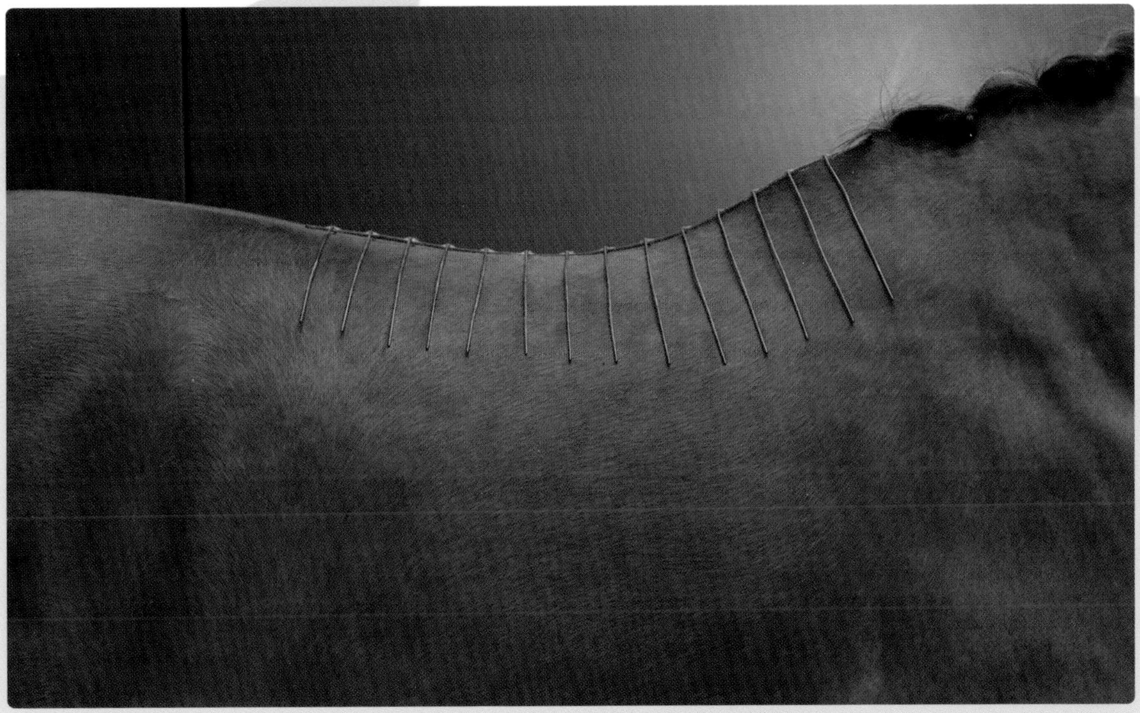

Nach der Anpassung soll das Messgerippe gleichmäßig am Pferd anliegen und so die Rückenform des Pferdes wiedergeben. (Foto: Becker)

Das Messgerippe ist richtig positioniert, wenn es mit der ersten Querrippe auf dem Schulterblatt aufliegt und die zweite Querrippe hinter dem Schulterblatt liegt. Dies ist für die spätere Positionierung des Sattelbaums sehr wichtig, damit die Bewegung der Schulter nicht blockiert wird. Wenn die Längsachse genau der Oberlinie des Pferdes entspricht, also gleichmäßig aufliegt, erfolgt das Anformen der Querrippen von vorn beginnend beidseitig nach hinten.

Während des Anpassens wird man feststellen, dass sich die Rückenform des Pferdes verändert, wenn es Kopf und Hals bewegt, sich biegt oder einen Fuß entlastet. Überprüfen Sie immer wieder die Grundposition Ihres Pferdes. Bei einem ruhig stehenden Pferd lässt sich das Messgerippe besonders gut anpassen. Unruhige Pferde sind dagegen eine Herausforderung, und manchmal kann es sinnvoll sein, die Messaktion auf einen anderen Tag zu verschieben.

Das angepasste Messgerippe kann für verschiedene Zwecke genutzt werden:

- zur Überprüfung eines vorhandenen Sattels jeder Bauweise
- zur Auswahl eines neuen Sattels aus einem Sortiment
- beim Erwerb oder Überprüfung eines gebrauchten Sattels
- für durchzuführende Passformänderungen
- für die Neuanfertigung eines Sattels
- zum dreidimensionalen Scannen für die Sattelbaumherstellung und Archivierung der Rückenformen

Das korrekt angepasste Messgerippe gibt den Pferderücken so wieder, wie er sich in der „Nullposition“ beim Messen befand. Schon dabei bemerkt man, wie bereits kleine Bewegungen oder Muskelanspannungen diese Form verändern. Dies gilt natürlich erst recht

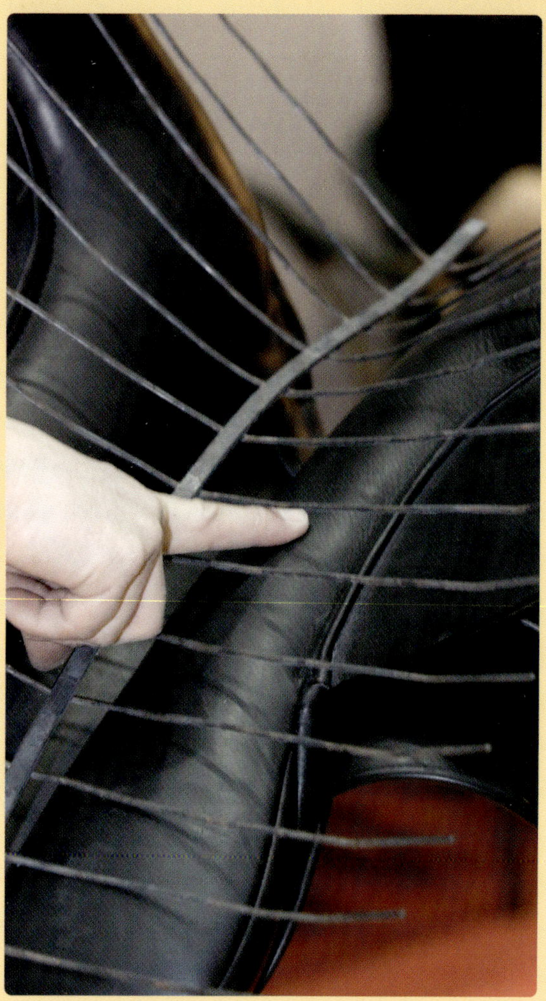

Nach der Anpassung des Messgerippes an das Pferd kann die Passform des vorhandenen Sattels überprüft werden. (Foto: Becker)

für die Bewegung unter dem Reiter. Ein Sattel, dessen Passform formschlüssig mit dem Messgerippe und somit dem Pferderücken übereinstimmt, würde dem Pferd nur im Stand passen. Damit der Sattel dem Pferd die freie Entfaltung seiner Bewegungen ermöglicht, muss er in bestimmten Abschnitten vom Pferderücken freigestellt sein. Besonders beachtet werden müssen der Schulter- sowie der Lendenwirbelbereich, die sich durch die Bewegung des Pferdes besonders stark verändern.

Wie viel der Sattelbaum zum Beispiel im Schulterbereich freigestellt sein muss, hängt von der Anatomie des einzelnen Pferdes ab: Ist der Schulterbereich verspeckt oder zeichnen sich die Schulterblätter deutlich ab? Sind hinter dem Schulterblatt „Kuhlen“ zu sehen? Wie sind Halsansatz und Schulterwinkelung zu beurteilen?

Die Vordergliedmaßen stützen den Pferdekörper. In der Bewegung, besonders in der Stützbeinphase, schiebt sich die Schultergliedmaße in Richtung Sattellage, sodass hier kurzfristig Druckspitzen entstehen können. In der Hangbeinphase, wenn die Gliedmaße nach vorn schwingt, wirkt keine Belastung auf die Schulter. Die hohe Beweglichkeit der Vorderbeine entsteht dadurch, dass keine knöcherne Verbindung zum Brustkorb besteht.

Der Sattler muss über umfangreiche anatomische und biomechanische Kenntnisse verfügen, um die passende Sattellage korrekt einschätzen zu können. Eine intensive Beschäftigung mit den verschiedenen Reitweisen und Trainingsmethoden sowie eigene reiterliche Erfahrungen machen den Sattler zusätzlich kompetent.

Die Rückenform des Pferdes bis hin zur Hüftregion ist wesentlich bestimmend dafür, wie sehr ein Sattel im Lendenwirbelbereich freigestellt werden muss. Ein Pferd mit geradem Rückenverlauf benötigt nur eine geringe Freistellung im Lendenwirbelbereich; je steiler die Wirbelsäule zum Becken hin verläuft (zum Beispiel bei einem überbauten Pferd), desto mehr Freiheit benötigt das Pferd im hinteren Sattelbereich. Durch zu lange Sättel wird die Situation in diesem Bereich verschärft. Ist die Sitzposition des Reiters zusätzlich weit hinten, wird es dem Pferd extrem erschwert, sich locker zu be-

Bei relativ gerader Rückenform (Bild oben) ist nur eine leichte Schräge im Lendenwirbelbereich erforderlich.

Dieser kurze, sehr gerundete Rücken (Bild unten) steigt im Bereich der Lendenwirbel deutlich an. (Fotos: Rieser)

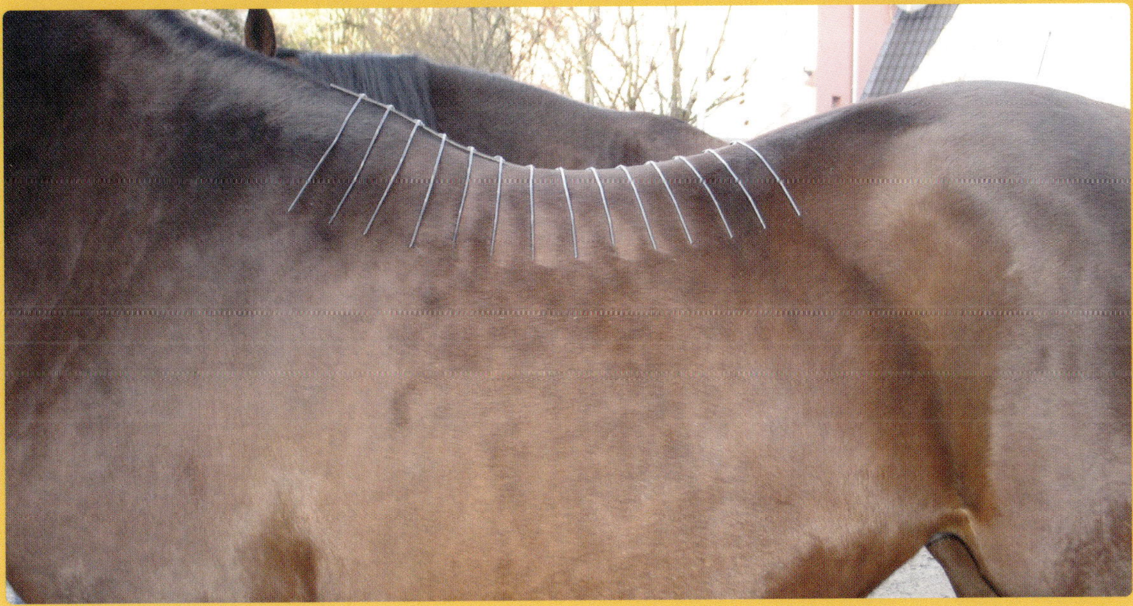

wegen, und die Vorhand wird überlastet. Der Reiter hat zugleich das Gefühl, bergab zu reiten.

Oft ist ein Herantasten an die richtige Sitzposition durch Praxistests des Reiters und Beobachtung der Reaktionen des Pferdes sinnvoll und möglich. Es reicht also nicht aus, das Messgerippe einfach in den zu prüfenden Sattel oder Sattelbaum zu legen. Nicht zu trennen von der Passform für beide Individuen ist das dynamische Zusammenspiel von Pferd und Reiter. Deshalb muss der Sattler sehr genau hinschauen und ist auch auf die sensiblen Beobachtungen des Reiters angewiesen.

Maßsattel und Unikatsattel

Beim Sattelkauf von der Stange werden oft Kompromisse eingegangen, weil zum Beispiel ein Anbieter den gewünschten Sattel nicht in der passenden Größe im Sortiment hat. Häufig wird dann auf ein anderes Modell zurückgegriffen – zuungunsten des Pferdes oder Reiters.

Ein Sattel ist keine alltägliche Anschaffung, und so sollte die Entscheidung wohlüberlegt sein. Findet sich unter den konfektionierten Sätteln kein passender und lässt sich ein Sattel von der Stange nicht entsprechend anpassen, so kommt nur ein Maßsattel oder Unikatsattel infrage.

Speziell für kleine und kurze Pferde mit breiter Schulter findet sich oft kein passender Sattel auf dem Markt. Die Auswahl wird zusätzlich durch die häufig auftretende gebogene Oberlinie erschwert. Viele Westernsättel sind für solche Pferdetypen unnötig groß und schwer. Für schlanke Pferdetypen gestaltet sich die Suche nach einem passenden Sattel ähnlich schwer. Viele Sättel sind für solche Sattellagen nicht steil genug gewinkelt und drücken dann im oberen Bereich rechts und links am Widerrist. Im hinteren Rippenbereich bilden sie keine Tragfähigkeit und drücken hierdurch seitlich der Wirbelsäule.

Bei Maßsätteln gibt es verschiedene Varianten. Es gibt Maßanfertigungen, die auf einem standardisierten Sattelbaum mit der für das Pferd entsprechenden Kammerweite und für den Reiter richtigen Sitzlänge gefertigt werden. Die individuelle Passform wird mit der entsprechenden Polsterung erreicht.

Eine Maßanfertigung bei einem Sattel mit Skirts setzt voraus, dass der Sattelbaum die richtige Passform hat. Einige Sattelbäume im Westernbereich lassen sich durch manuelle Änderungen am Baum anpassen, doch diese Feinabstimmung lässt sich nicht beliebig durchführen.

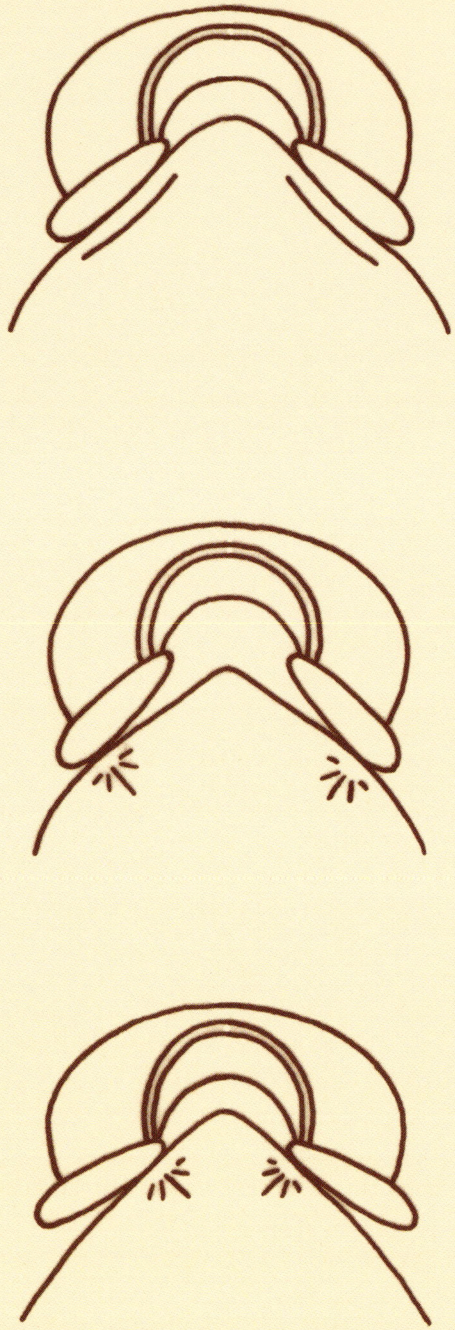

Nur bei korrekter Auflage (oben) wird das Gewicht auf großer Fläche verteilt. Sowohl zu steile (Mitte) als auch zu flache Auflagen (unten) führen zu punktuellen Druckbelastungen. (Zeichnung: Rieser)

Einige Sattler legen den Sattelbaum direkt auf das Pferd, um eine Auswahl aus dem zur Verfügung stehenden Sortiment zu treffen. Der blanke Sattelbaum auf dem Pferd lässt sich besser beurteilen als der fertiggestellte Sattel. Zu beachten ist, dass sich der Sattelbaum durch sein Eigengewicht immer in eine bessere Position legt. Erst bei einer Überprüfung mit dem Messgerippe wird die wahre Passform sichtbar. Werden für die Anfertigung eines Westernsattels nur die Sattelbäume aufgelegt, sollte man darauf achten, dass die Passform wirklich exakt stimmt.

Eine Maßanfertigung eines Unikatsattels geht von der Anatomie des Pferdes und Reiters aus. Dies setzt voraus, dass am Pferd Maß genommen wird und der Reiter bezüglich der Sitzgröße und Ausformung intensiv beraten wird. Die Ausführung des Sattels kann bis ins kleinste Detail festgelegt werden, wobei dem geplanten Einsatzbereich große Bedeutung zukommt.

Die Sitzausformung wird durch Probesitzen auf verschiedenen Sätteln auf dem Sattelprobierbock und auf dem Pferd festgelegt. Sinnvoll ist die Beurteilung und Einbeziehung des zurzeit benutzten Sattels mit den vom Reiter empfundenen Vor- und Nachteilen.

Die optische Gestaltung wie Lederfarbe, Sattelbeschläge oder Punzierung ist persönliche Geschmackssache – Grenzen setzt allein die Angebotspalette des Sattlers.

Es ist ein großer Vorteil, wenn man eine Sattlerei findet, die Sattelbäume selbst herstellt – so liegt die gesamte Fertigung in einer Hand. Übermittelt der Sattler die für die Baumanfertigung benötigten Maße an einen weiteren Fachmann, so ist äußerst genaues Arbeiten erforderlich, und der fertiggestellte Baum muss vom Sattler noch einmal auf die richtige Passform überprüft werden. Sattelbaumhersteller, die individuelle Sattelbäume herstellen, sind selten. Die meisten stellen standardisierte Sattelbäume in großen Mengen her und haben für die zeitaufwendigere Einzelanfertigung wenig Verständnis.

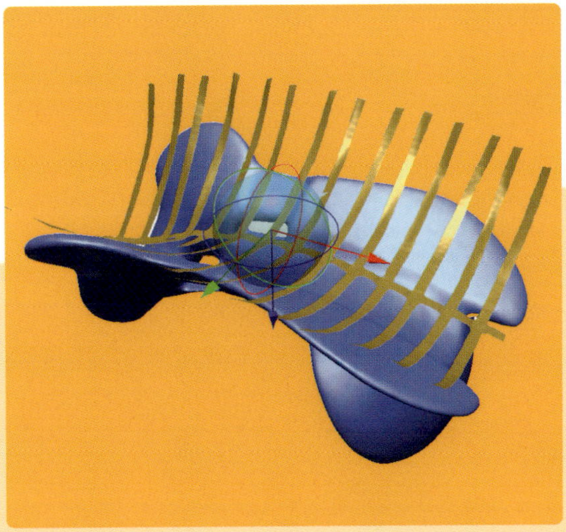

Das digitalisierte Messgerippe dient als Grundlage für die präzise Fertigung eines Sattelbaums mithilfe einer CNC-Fräse. (Foto: Rieser)

Der Sattelbaum mit modernster 3-D-Technik

Ich selbst habe ein System entwickelt, mit dem das eingestellte Messgerippe dreidimensional digitalisiert wird. Dieses digitale Messgerippe ist dann Ausgangspunkt für die Modulation der Sattelbaumunterseite nach Maß.

Für jeden einzelnen Baum wird digital festgelegt, in welchen Bereichen er „formschlüssig" auf dem Pferderücken aufliegen soll und in welchen Bereichen er sich für die Bewegung des Pferdes vom Rücken abhebt. Hieraus ergibt sich eine unerschöpfliche Vielzahl individuell per Computer modulierbarer Sattelbäume, die per CNC-Fräse in bisher nie erreichter Präzision im Sattelbau aus schichtverleimten Holzblöcken gefertigt werden.

Nachträgliche Änderungen der Passform an den 3-D-Holzbäumen, zum Beispiel bei altersbedingter Absenkung des Pferderückens, lassen sich durch Hinzuleimen oder Wegfräsen von Holz oder sonstigen organischen Stoffen umsetzen.

Sättel richtig befestigen

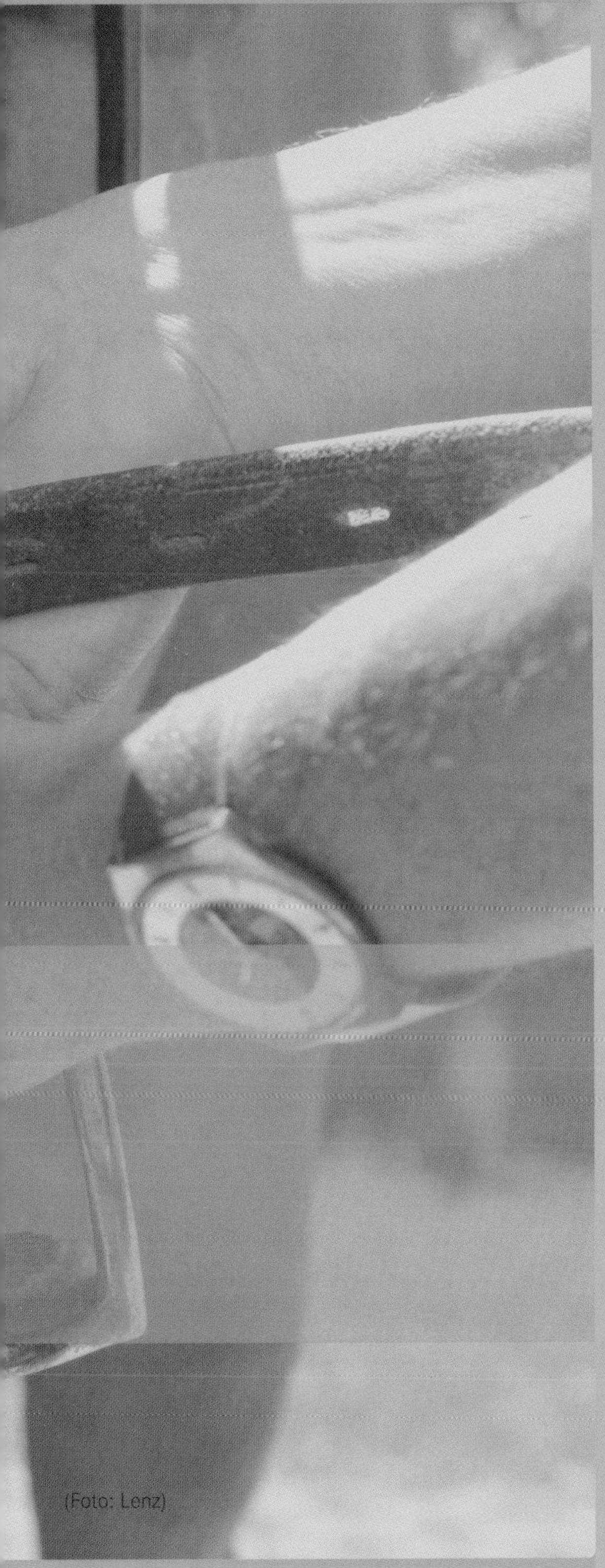
(Foto: Lenz)

Damit ein Sattel sicher auf dem Pferderücken liegt, muss er befestigt werden – in erster Linie natürlich mit einem Sattelgurt, der um den Brustkorb des Pferdes führt. Die Art der Gurtaufhängung und die Gurtungsposition sind entscheidend dafür, ob der Sattel an der richtigen Stelle auf dem Pferderücken liegen bleibt.

Aber auch Vorderzeug, Vorgurt, Schweifriemen und so weiter werden verwendet und haben in bestimmten Fällen ihre Berechtigung. Sie sollen jedoch nicht dazu dienen, einen Sattel auf dem Pferderücken in eine bestimmte Position zu ziehen und unter Spannung dort zu fixieren.

Der Sattelgurt

Oft werden bei der Beurteilung der Sattellage der Unterlinienverlauf und die Rumpfform des Pferdes nicht genügend beachtet. Nur wenn die Rumpfform, die Fixierung des Sattels, die Gurtungsart sowie die Gurtungsposition optimal aufeinander abgestimmt sind, liegt der Sattel richtig auf dem Pferd. Die Gurtungsposition definiert dabei den Bereich des Sattels, an dem die Verbindungsriemen zum Gurt angebracht sind.

Bei Pferden mit dickem Bauch wird sich der Sattelgurt immer wieder nach vorn in den schmalsten Rumpfbereich Richtung Ellenbogen schieben. Oft kommt es hier zu Quetschungen der Haut und Wundscheuern. Die Gurtungsposition muss bei solchen Pferden weit vorn am Sattel angebracht werden, auch wenn sich dies leider ungünstig auf die Befestigung und ruhige Stellung des Sattels auswirkt.

Falsch ist die Annahme, man könne die Gurtposition, auch bei Sätteln mit Drei-Punkt-Verschnallung, weiter nach hinten verlegen, um den Sattelgurt aus dem kritischen Ellenbogenbereich herauszuziehen. Aufgrund der anatomischen Verhältnisse wird der Sattelgurt wieder nach vorn rutschen und den Sattel über oder auf die Schulter des Pferdes ziehen. Der hintere, schräg nach vorn verlaufende Riemen der Drei-Punkt-Verschnallung wird in solchen Fällen aber schon bei geringer Spannung die Sattellage deutlich besser stabilisieren.

Elastische Sattelgurte?

Ein Sattel mit weicher Polsterung oder Unterlage sollte im gegurteten Zustand immer eine elastische Verbindung zum Pferd herstellen. Aus diesem Grund halte ich Gurte mit elastischen Einsätzen für nicht erforderlich.

Die meisten Sattelgurte sind gerade geformt. Manche sind im Ellenbogenbereich des Pferdes schmaler geschnitten, um die Gefahr von Quetschungen zu reduzieren.

Die Gurtlänge muss zum Sattel- und Pferdetyp passen. Es ist darauf zu achten, dass die Schnallen des Sattelgurtes die Ellenbogenaktion des Pferdes nicht behindern – dies ist bei zu kurzen Gurten der Fall. Bei einem zu langen Gurt kann die Schnalle seitlich am Pferdekörper auftragen und den Reiter stören.

Gurtungsriemen sind Verschleißteile und sollten auf eventuelle Schadstellen überprüft werden. Defekte Riemen müssen sofort ersetzt werden. Pferdeschweiß ist sehr aggressiv und greift das Leder an. Je besser das Lederzeug gepflegt wird, desto länger wird es halten. Die Nutzungsdauer wird bei allen Sattelgurten durch rostfreie Schnallen und D-Ringe erheblich verlängert.

Dieser Gurt ist zu kurz. Die Gurtschnalle behindert die Ellenbogenaktion des Pferdes. (Foto: Lenz)

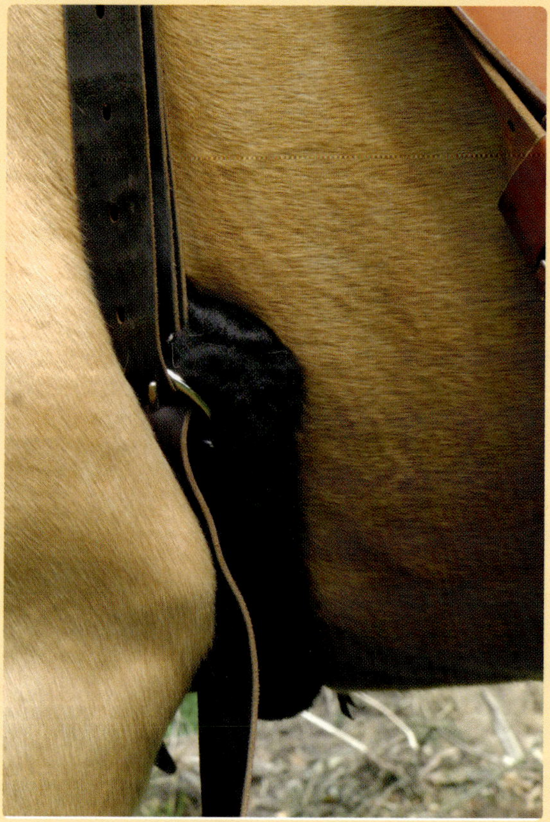

Verschiedene Gurtungsarten

Drei Gurtstrippen bei einem Vielseitigkeitssattel. Die Schnallen des Sattelgurts liegen hier unter dem Seitenblatt.

Zwei-Strippen-Gurtung zur V-Verschnallung eines Dressursattels.

Variable V-Verschnallung bei einem Distanzsattel.

C-Ring-Gurtung im Skirt.

Single-O-Ring-Gurtung bei einem Sattel im Oldtimer-Stil.

Dreiweg-Gurtungsplatten im Skirt.

(Fotos: Rieser)

Material von Schnurgurten

Leinen, Baumwolle	Ursprüngliches Bauchgurtmaterial (auch beim Militär), heute von den Kunstfasern verdrängt; nach wie vor bestens geeignet
Nylon, Polyester	Am häufigsten verwendetes Material für Schnurgurte
Mohair	Hochwertiges Naturmaterial, gut geeignet bei allergischen Pferden; reine Mohairgurte sind schwer zu beschaffen
Pferdehaar	Nostalgisches natürliches Material, wird kaum noch für die Gurtherstellung verwendet

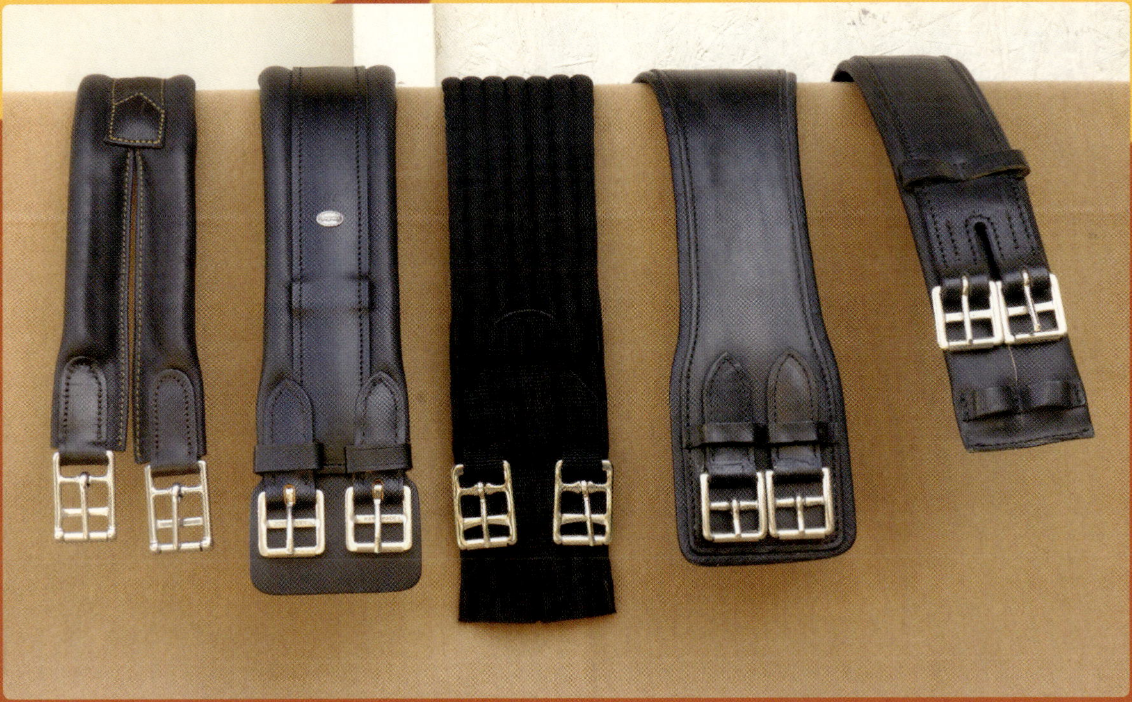

(Fotos: Lenz)

Material von flächigen Sattelgurten

Vegetabil gegerbtes Leder	Natürliches Material, pflegeintensiv (appretiertes Leder ist widerstandsfähiger gegen Schweiß), individuelle Schnitte und Längen möglich
Schaffell	Natürliches Material, sehr gut verträglich, waschbar, verbraucht sich mit der Zeit, sollte medizinisch gegerbt sein (keine Chromgerbung), bei entsprechender Pflege lange Lebensdauer
Neopren	Nicht atmungsaktiv, leicht zu reinigen, ideal für herbstliche Geländeritte, Reaktion der Pferde ist unterschiedlich, Lebensdauer hängt von den verwendeten Weichmachern ab
Filz	Nimmt Feuchtigkeit auf, verfilzt im Gebrauch mit Pferdehaar weiter, zur Pflege ausbürsten und ab und zu waschen, lange Lebensdauer; Nachteile: rollt sich nicht im Ellenbogenbereich zusammen, ist relativ steif
Kodel	Ideales Material für den Langzeiteinsatz, gut waschbar, nimmt Schweiß auf, ist atmungsaktiv, folgt den Bewegungen des Pferdes und rollt sich im Ellenbogenbereich ein

Manche Vorderzeuge sind echte Schmuckstücke. (Foto: Rieser)

Das Vorderzeug

Bei Aus- oder Wanderritten in schwierigem und steilem Gelände ist ein Vorderzeug notwendig. Es verhindert beim Bergaufreiten, dass der Sattel nach hinten rutscht. Sollte er zudem einmal seitlich verrutschen, verhindert das Vorderzeug, dass er unter den Pferdebauch gerät. Auf einen Sattel unter dem Bauch reagieren die meisten Pferde panisch.

Auch bei der Gewöhnung eines Jungpferdes an den Sattel sollte immer ein Vorderzeug verwendet werden, da es den Sattel beim Longieren stabilisiert.

Das Vorderzeug sollte bei korrekter Verschnallung nur leicht anliegen. Ein zusätzlicher Halsriemen bietet die Möglichkeit, das Vorderzeug in Schulterschräge anzuheben. Vorderzeuge ohne Verbindungsriemen zum Bauchgurt sind nicht zu empfehlen, da der Sattel unter den Pferdebauch rutschen kann.

Idealerweise befindet sich am Bauchgurt ein D-Ring zum Einhaken des Vorderzeugs. Eingeschlaufte Verbindungsriemen haben seitlich keine Führung, außerdem trägt der Lederriemen am Pferdekörper auf und kann ein Wundscheuern zur Folge haben.

Dank Vorderzeug kann dieser Sattel nicht unter den Bauch rutschen. (Foto: Lenz)

Showvorderzeuge sind meist schmaler gearbeitet und mit Punzierungen und Beschlägen bis hin zu aufwendigeren Varianten mit Edelsteinen verziert. Ein Vorderzeug, das im Gelände zum Einsatz kommt, sollte circa vier Zentimeter breit sein, um den Druck beim Bergaufreiten auf die Pferdebrust zu verteilen.

Lässt man das Pferd während einer Pause grasen oder trinken, muss das Vorderzeug auf einer Seite gelöst werden, damit es nicht quetscht. Zum schnellen Öffnen benutzen einige Reiter eingeschnallte Haken, die allerdings durch die ständige Bewegung unschöne Abriebspuren am Sattel hinterlassen.

Vorgurt und Übergurt

Ein Vorgurt ist normalerweise bei keinem Pferd notwendig. Der Vorgurt stellt immer eine Zwangsmaßnahme dar, um einen Sattel weiter hinten auf dem Pferderücken zu platzieren. Vereinzelt ist der Vorgurt noch im Gangpferdebereich im Einsatz.

Bei manchen Dressursätteln befindet sich am Seitenblatt ein angenähter Übergurt, der das Blatt am Pferdekörper fixiert. Auch einige Hirtensättel werden mit einem über den Sattelsitz und komplett um den Pferdekörper laufenden Übergurt versehen, um eine extreme Sicherung des Sattels zu erreichen. Beispiele hierfür sind der Camarguesattel, der australische Stocksattel und südamerikanische Gauchosättel.

Schweifriemen

Ein Schweifriemen sollte nicht dafür genutzt werden, den Sattel auf dem Pferderücken nach hinten zu ziehen. Der ständige Druck auf Schweifrübe und Dornfortsätze ist für das Pferd eine Tortur, auf die es mit einem Wegdrücken des Rückens und einem Anheben des Kopfes reagiert, um dem Druck auszuweichen.

In schwierigem Gelände und bei Pferden mit einer verspeckten Schulter kann ein Schweifriemen allerdings nützlich sein. Beim Bergabreiten verhindert er bei solchen Pferdetypen, die zusätzlich den Hals absenken, dass der Sattel über den Hals und Kopf rutscht. Ein Schweifriemen erhöht hier enorm die Sicherheit von Pferd und Reiter. Der Schweifriemen sollte eine schön geformte Schweifmetze haben, die keine Scheuerstellen verursacht.

Die Schweifmetze traditionell gefertigter Schweifriemen ist mit Sesamkörnern gefüllt und kann sich so optimal anpassen. Der Schweifriemen sollte bei korrekter Sattlung nur leicht anliegend verschnallt werden. Die Befestigung am Sattel sollte möglichst nah am Pferderücken liegen. Ösen oder D-Ringe, die zu hoch am Sattel angebracht sind, lassen den Schweifriemen im hinteren Bereich punktuell aufliegen, was zu Scheuerstellen führen kann.

Für Pferde, die keinen Schweifriemen akzeptieren, kann in seltenen Fällen ein Hinterzeug notwendig sein. Bei Packsätteln ist ein Hintergeschirr unbedingt notwendig, um die Bepackung zu sichern.

Hintergurt

Ein Hintergurt (Back-Cinch) sollte niemals fest angezogen und nicht als zweiter Bauchgurt zum Fixieren des Sattels benutzt werden. Beim Cutting ist ein

In sehr schwierigem Gelände bietet ein Schweifriemen Sicherheit. (Foto: Schilling)

Flankbillets mit kleinen Packtaschen hängen durch den tiefen Schwerpunkt auch ohne Bauchgurt ruhig. (Foto: Rieser)

Back-Cinch sinnvoll, um den Sattel bei den zum Teil sehr schnellen und extremen Bewegungen des Pferdes zu sichern.

Hängt ein Rind im Lasso (Rope), das am Horn befestigt ist, verhindert der Back-Cinch, dass der Sattel hinten hochkippt, wenn das Rind nach vorn wegläuft und sich das Lasso spannt.

Vorsicht bei Pferden, die zum ersten Mal einen Hintergurt verschnallt bekommen! Es gibt kitzelige Pferde, die stark mit Buckeln reagieren. Hier sollten Sie vorsichtig vorgehen und durch Wiederholung des Reizes das Pferd desensibilisieren, bis es das Tragen des Gurtes akzeptiert. Gleiches gilt für den Hintergurt an Packtaschen.

Unbedingt notwendig ist ein Verbindungsriemen (Conerstrap) zum vorderen Bauchgurt. Dieser Riemen verhindert, dass der Hintergurt nach hinten in die empfindlichen Flanken und Weichteile pendelt.

Die Flankbillets sind die wesentlichen Verbindungsriemen vom Sattel zum Mittelteil des Hintergurtes. Sie werden in den seitlichen D-Ringen oder einem Schlitz im Skirt befestigt. Flankbillets können auch ohne Bauchgurt für die Befestigung kleiner Packtaschen benutzt werden. Durch den tiefen Schwerpunkt hängen sie ruhig. Ebenso können sie mit Schlaufen genutzt werden, um große Hinterpacktaschen gegen Hochschlagen zu sichern.

Sattelunterlagen

(Foto: Rieser)

Das Angebot an Sattelunterlagen in allen möglichen Formen, Farben und Materialien ist beinahe unüberschaubar groß. Jedes Produkt ist laut Hersteller das ideale. Viele Reiter fällen ihre Entscheidung in erster Linie nach modischen Gesichtspunkten und vergessen dabei, dass eine Sattelunterlage wichtige Funktionen erfüllt und bei falscher Wahl dem Pferd durchaus schaden kann.

Aufgaben von Decke und Pad

Die Sattelunterlage muss hinsichtlich ihrer Größe, Form und Stärke passend zum Satteltyp ausgewählt werden. Zu dicke, aber auch zu dünne Sattelunterlagen können dem Pferd schaden. Häufig wird als Vorsichtsmaßnahme gegen Satteldruck eine zu dicke Unterlage unter dem Sattel verwendet – dabei benötigen alle Sättel mit einer Polsterung eigentlich nur eine dünne Sattelunterlage, um die Polsterung vor Schweiß zu schützen. Die notwendige Polsterung stellen die Kissen her.

Anders bei Sätteln mit einer Skirt- oder Lederauflage mit Webpelz oder Schaffell: Hier übernimmt das Pad die Polsterung. Beim Reiten mit einem solchen Satteltyp ohne Pad schädigen Sie Ihr Pferd. Ein einlagiges Schaffell reicht nicht als Polsterstärke für einen Sattel mit Skirts aus. Mit einer doppelt gelegten Navajodecke wird der geforderte Polstereffekt erreicht.

Wird ein Sattel mit zu dicken Unterlagen geritten, geht für den Reiter die Pferderückennähe verloren, und der Sattel liegt schwammig. Außerdem wird der Freiraum im Widerrist- und Schulterbereich verengt. Bei der Verwendung mehrlagiger Sattelunterlagen muss sehr sorgfältig gesattelt werden, damit keine drückenden Falten entstehen.

Jede Sattelunterlage sollte über die Gesamtfläche eine gleichmäßige Stärke aufweisen. Sattelunterlagen, die im vorderen oder hinteren Bereich dicker sind, ändern die Lage des Sattels und somit die Sitzposition des Reiters. Bei einer treppenartigen Verdickung wird der Sattel angehoben und liegt im mittleren Bereich hohl.

Unter Sätteln mit Skirts haben sich Pads aus Kodelvlies, Filz oder Schaffell bewährt. Die zusätzliche Verwendung eines dünnen Baumwoll-Unterpads bietet den Vorteil, dass zum Beispiel ein Filzpad vor Schweiß und Verschmutzungen geschützt wird, was seine Lebensdauer erheblich verlängert. Das Baumwoll-Unterpad lässt sich leichter waschen.

Beim Schnitt der Unterlage ist auf eine anatomische Anpassung zu achten. Brettartig gerade geschnittene Pads erzeugen einen hohen Anpressdruck und können zu Scheuerstellen führen. Neoprenpads oder filzähnliche Pads, die gerade geschnitten und mit Löchern im Wirbelsäulenbereich versehen sind, passen sich etwas besser an, bilden aber trotzdem auf dem Widerrist und im Lendenwirbelbereich eine hohe Spannung. Sattelpads, die nur im Bereich der Bars verstärkt gepolstert sind, reduzieren die Auflagefläche und sind ebenfalls nicht zu empfehlen.

Es gibt keine Sattelunterlage, die eine nicht korrekte Passform des Sattels korrigieren kann.

Materialien

Viele Materialien, die für die Herstellung von Sattelunterlagen verwendet werden, kommen aus dem humanmedizinischen Bereich, wo sie sich als besonders hautfreundlich bewährt haben. Zu ihnen gehören zum Beispiel medizinische Schaffelle und Kunstfasern wie Kodelvließ.

Baumwolle

Baumwolle hat von allen Materialien, die für Sattelunterlagen verwendet werden, die größte Saugkraft und kann den meisten Schweiß aufnehmen. Außerdem ist sie sehr gut waschbar und hat eine lange Lebensdauer. Ein Nachteil ist die lange Trocknungszeit einer verschwitzten Unterlage. Deshalb sind Baumwollgewebe für mehrtägige Wanderritte nicht geeignet, da sie nach einem Ritt nicht bis zum nächsten Tag getrocknet sind.

Schaffell

Als natürlichstes Material hat sich Schaffell bewährt. Chromgegerbte Felle können allerdings Allergien auslösen und sollten nicht als Sattelunterlage verwendet werden. Medizinisch gegerbte Schaffelle sind aufgrund der besonderen Gerbung frei von Schadstoffen. Durch die Gerbart erhalten die Felle eine goldgelbe Farbe. Die Felle sind bei 30 Grad Celsius waschbar und trocknertauglich.

Haar- und Wollfilz

Filz ist als Sattelunterlage ein traditionell bewährtes Material. Man unterscheidet Haarfilz (reines Tierhaar) und Wollfilz (recycelte Reißwolle). Schafwolle eignet sich sehr gut zur Filzherstellung, die Produktion ist

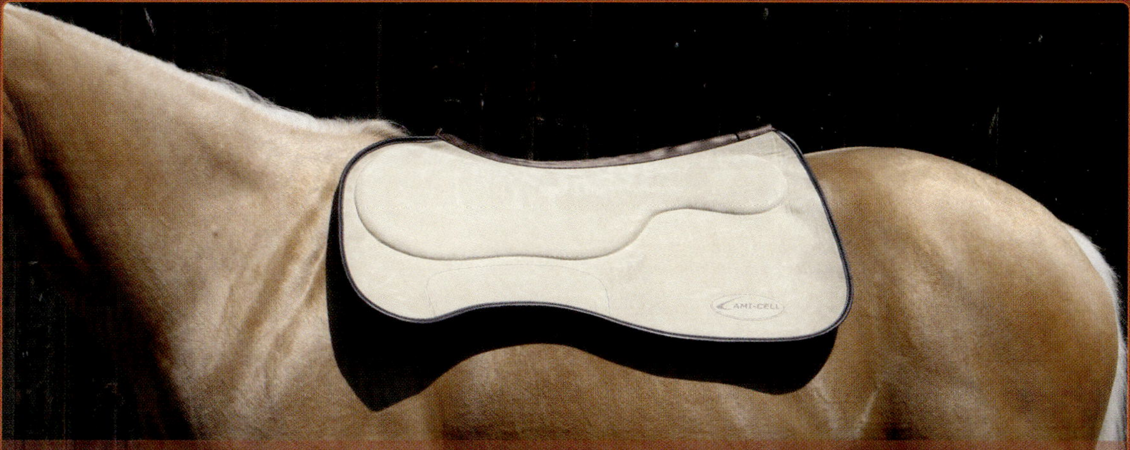

Pads mit Verstärkungen in Teilbereichen reduzieren die Druckverteilung und sind deshalb nicht empfehlenswert.

Diese anatomisch geschnittene Satteldecke liegt gleichmäßig auf dem Pferderücken auf.

Pads, die nicht in Rückenform geschnitten sind, spannen im Widerrist- und Lendenwirbelbereich.

(Fotos: Rieser)

aber recht aufwendig. Filz aus Reißwolle ist preiswerter und an der graublauen Farbe zu erkennen. Naturfilz formt sich geschmeidig dem Pferderücken an und kann viel Feuchtigkeit aufnehmen. Damit ist er dem kostengünstigeren Synthetikfilz klar überlegen.

Wird ein Filzpad direkt auf den Pferderücken gelegt, so wird es durch die Bewegung und den Schweiß des Pferdes sowie durch das Einarbeiten der Pferdehaare weiter verfilzen. Dies beeinträchtigt den weiteren Gebrauch nicht. Filz lässt sich nur mit der Bürste reinigen. Deshalb ist die kombinierte Verwendung mit einem waschbaren Baumwoll-Unterpad ideal.

Leder

Leder als Sattelunterlage zu verwenden hat ebenfalls einen traditionellen Hintergrund und verhindert, dass der Pferdeschweiß an die Sattelpolsterung kommt. Es hat keinen Polstereffekt und muss gut gepflegt werden.

Künstliche Materialien

Die meisten künstlichen Materialien – Neopren, Acrylfasern, Schaumstoffe, Polyester, Zellkautschuk – sind dadurch gekennzeichnet, dass sie keinen Schweiß binden oder weiterleiten. Sie bilden deshalb eine „Dampfsperre" und sind als Sattelunterlage nicht geeignet. Dies gilt auch für Pads, in denen luftgepolsterte Kunststofffolien oder sonstige wasserundurchlässige Folien eingearbeitet sind.

Kein Reiter käme auf die Idee, eine Plastikfolie auf den Pferderücken zu legen und es darüber zu satteln. Die Zeit der Gelunterlagen unter oder auf dem Sattel ist hoffentlich vorbei, denn auch sie „schweißen" das Pferd in „Folie" ein. Auf dem Markt erhältlich sind auch Sattelunterlagen aus gemischten, meist miteinander versteppten Materialien, zum Beispiel Baumwollstoff mit Schaumstofffüllung. Beide sind meist miteinander versteppt und erfüllen hervorragend ihren Zweck.

Jede Sattelunterlage muss gepflegt und nach Möglichkeit regelmäßig gewaschen werden. Beachten Sie die Pflegehinweise für die verschiedenen Materialien.

Form und Größe

Die Außenform der benötigten Sattelunterlagen wird von der Sattelform vorgegeben. Sie sollte um die Sattelkontur herum ungefähr vier bis fünf Zentimeter größer sein. Durch zu große Sattelunterlagen wird der Pferdekörper unnötig abgedeckt, was gerade im Sommer die Kühlung des Pferdes beeinträchtigt. Im Winter verursachen zu lange Unterlagen den Haarbruch.

Ein zu langes Pad verursachte hier den Haarbruch deutlich hinter dem Ende der Skirts. (Foto: Rieser)

Für die Auflage der Satteltaschen bei einem Wanderritt sollte die Satteltunterlage so groß sein, dass die Taschen nicht auf dem Fell des Pferdes aufliegen.

Unterlagen mit Inlay

Es gibt Unterlagen mit Einschubfächern, in die unterschiedliche Materialien in verschiedener Stärke eingeschoben werden können. Hier ist die Form des Inlays wichtig. Alle im Wirbelsäulenbereich gerade geschnittenen Inlays drücken mit der Schnittkante seitlich am Widerrist. Deshalb muss jedes Inlay im Widerristbereich nach oben geschnitten sein. Durch Teilung und unterschiedliche Dicke der Inlays kann, falls erforderlich, eine unterschiedlich breite Wirbelsäulenfreiheit erreicht werden.

Durch ein gerade geschnittenes Inlay entstanden hier die schmalen Druckstellen seitlich des Widerrists. (Foto: Rieser)

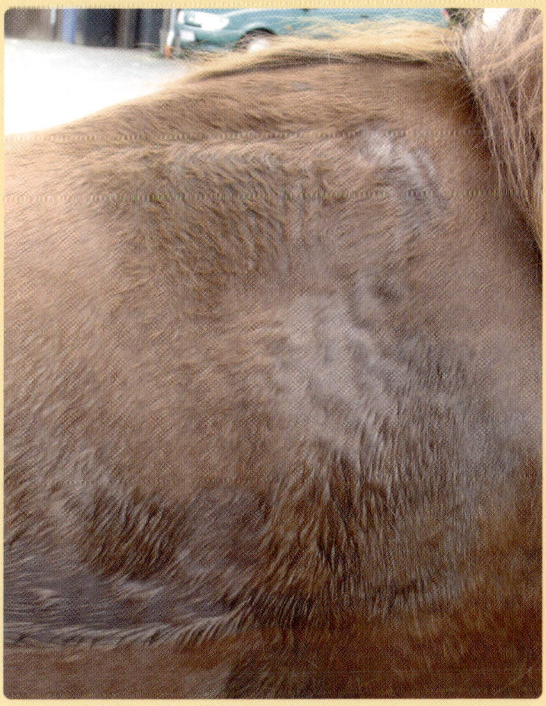

Pads mit Widerristausschnitt

Jede Sattelunterlage muss beim Satteln im Widerristbereich nach oben gezogen werden. Dieses „Einkammern“ nimmt die Spannung und den Druck von den Dornfortsätzen. Gerade geschnittene Pads lassen sich nur schwer einkammern und rutschen durch das Angurten und durch die Bewegung des Pferdes wieder nach unten. Ein Pad mit Widerristausschnitt verhindert dieses Problem nicht. Der Ausschnitt gibt zwar vorn den Widerrist frei, häufig drückt dann aber das Ende des Ausschnitts auf den Widerrist. Pads mit anatomischem Schnitt benötigen keinen Widerristausschnitt.

Dicke und Stärke

Bei einem Sattel mit Polsterung genügt eine relativ dünne Sattelunterlage (circa 1,5 Zentimeter Stärke). Die Komprimierbarkeit und der Weichheitsgrad des Materials entscheiden über eine gewisse Pufferzone oder darüber, ob die Sattelunterlage nur als schweißsaugende Schutzschicht Verwendung findet. Zu dicke oder ungleichmäßig aufliegende Sattelunterlagen beeinflussen die erforderliche gleichmäßige Druckverteilung negativ.

Jede Sattelunterlage sollte eine gleichmäßige parallele Stärke haben. Ist die Unterlage keilförmig aufgebaut oder sind Teilbereiche doppelt dick, so nimmt das Einfluss auf die Lage des Sattels auf dem Pferderücken und auf den Tiefpunkt des Sattels.

Bei Sätteln mit Skirts bietet das Schaffell oder der Webpelz zu wenig Polsterung – deshalb gehört hier ein ausreichend dickes Pad unter den Sattel. Wie dick das Pad sein muss, hängt von dem Material ab. Ein weiches Kodelpad ist circa 6 Zentimeter dick, lässt sich jedoch punktuell auf eine Stärke von 1,5 Zentimetern zusammendrücken. Bei einem Kodelpad mit Inlay beeinflussen die Außentemperatur und der

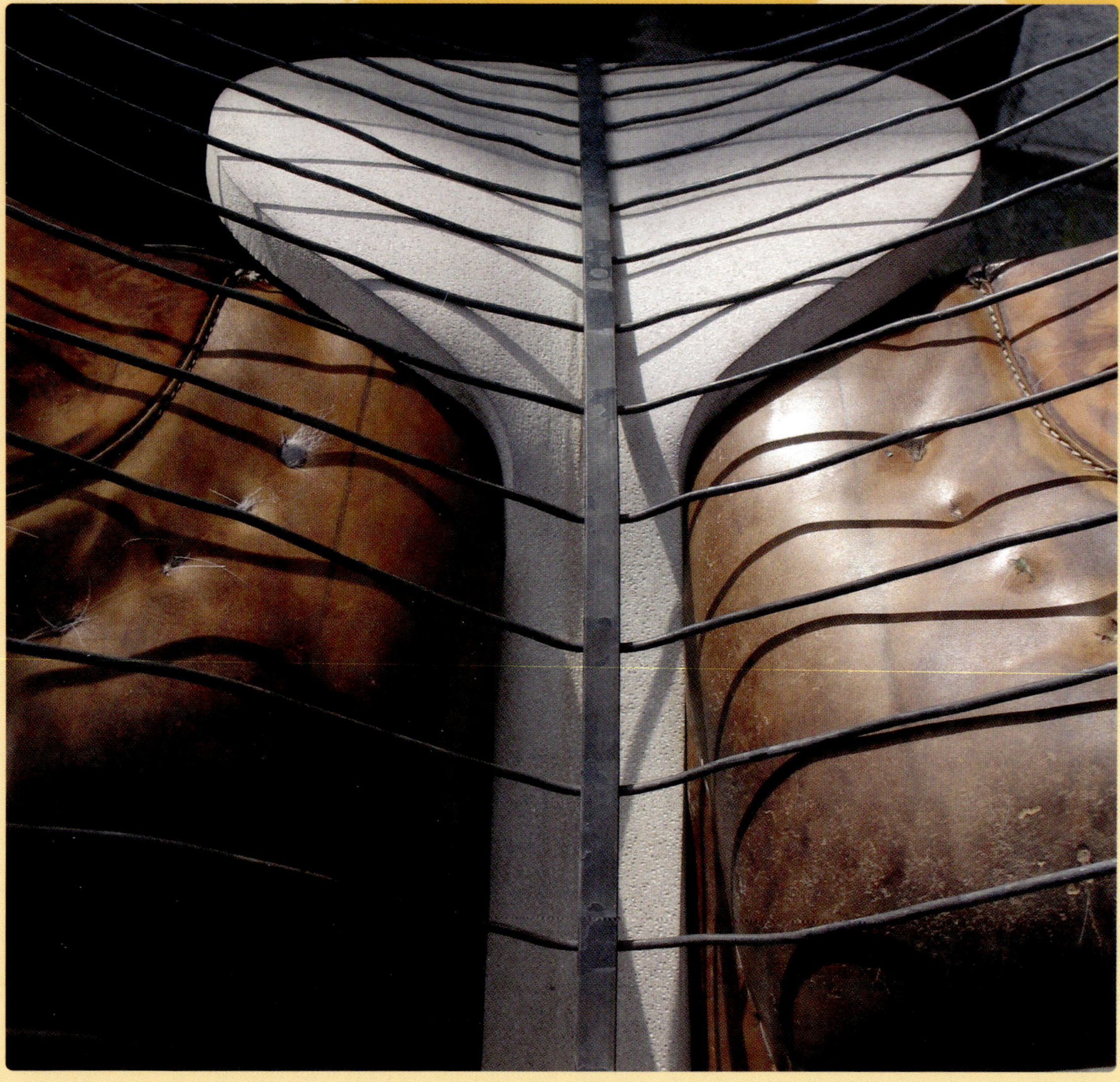

Sattelunterlagen, die nur in Teilbereichen aufliegen, verändern die Lage des Sattels immer negativ. (Foto: Rieser)

Erwärmungsgrad des Inlays den Polstereffekt und die Rückstellfähigkeit.

Für Langstreckenritte und Ritte mit Gepäck haben sich weiche Materialien wie Kodel in Verbindung mit einer zusätzlichen Unterlage oder Decke als ideal herausgestellt. Nicht ausreichend ist einlagiges Schaffell wegen seiner geringen Stärke als alleinige Unterlage. Zusammen mit einer doppelt gefalteten Navajodecke wird die erforderliche Polsterstärke hergestellt.

Bei Schaffellpads mit verstärkter Polsterung und Baumwollstoffabsteppung sollte auf die erforderliche Gesamtdicke geachtet werden. Oft ist die aufgebrachte Polsterstärke auf dem Schaffell zu dünn. In solchen Fällen muss durch eine zusätzliche Unterlage oder Decke die richtige Polsterstärke erreicht werden. Als Unterpad bietet sich eine Wattierung aus Kunstfasern oder auch aus reinen Baumwollfasern an, die mit einem Baumwollstoff versteppt werden.

Hochwertige Sattelunterlage mit Baumwollfasersteppung.

Diese preiswerte Decke besteht aus Kunstfaservlies, das außen mit Baumwollstoff abgesteppt ist. (Fotos: Lenz)

Satteldruck: Wenn der Sattel nicht passt

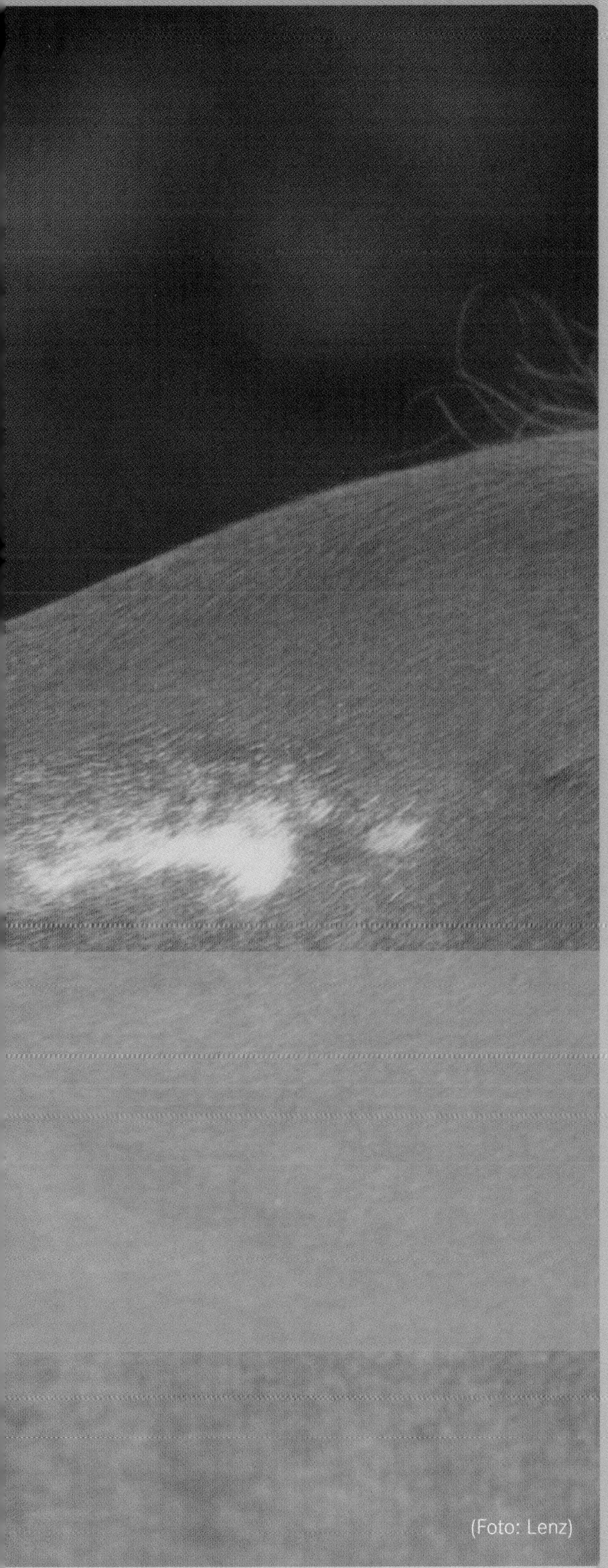
(Foto: Lenz)

Bei einem nicht passenden Sattel wirken enorme Kräfte auf bestimmte Stellen des Pferdekörpers. Besonders die Haut wird in Mitleidenschaft gezogen, wenn ihre Durchblutung durch punktuellen Druck gestört wird oder wenn sie den ständigen Reibungen der Sattelunterlage oder des Gurtes nicht standhalten kann. Jede Hautveränderung, ja schon jede Veränderung des Fells sollte sehr ernst genommen und die Ursache genau erforscht werden, da andernfalls auch tiefer liegendes Gewebe geschädigt wird. Bis zur Ausheilung eines Satteldrucks darf das Pferd auf keinen Fall weiter geritten werden.

Verschiedene Druckstellen

Die auf den Pferderücken wirkenden Kräfte von Sattel und Reiter dürfen die Durchblutung und Versorgung der Haut und der darunter liegenden Muskulatur nicht beeinträchtigen. Auch in kleineren Bereichen, in denen es durch zu große Druckkräfte zur Unterversorgung kommt, zeigen sich Schädigungen. Je länger dieser Zustand dauert, desto größer sind die Schädigungen der Haut oder des Muskelgewebes.

Viele dieser Schäden sind zunächst nicht sichtbar. Nur bei mechanischem Wundscheuern und Haarausfall erkennt auch der Laie sofort einen Satteldruck. Nach der Ausheilung wachsen an den gequetschten Regionen des Pferderückens oft grauweiße Haare nach, da die für die Pigmentierung zuständigen Zellen unwiederbringlich geschädigt wurden. Widerrist und Schulterbereich sind besonders gefährdet.

Die Kraft, die auf den Pferderücken einwirkt, steht immer im Zusammenhang mit dem Reitergewicht und dessen Verteilung durch die Sattelkonstruktion auf den Pferderücken. Zu der statischen Belastung kommen nicht unerhebliche dynamische Kräfte hinzu.

Richtig satteln

Das richtige Aufsatteln ist ein wesentlicher Faktor für die gute Lage des Sattels und damit für die Verhinderung von Druckstellen.

Selbstverständlich sollte das Pferd vor dem Sattel gründlich geputzt werden, sodass keine verkrusteten Stellen im Fell später unter dem Sattel oder dem Gurt scheuern können.
Der Sattel wird sanft auf das Pferd gelegt und in Fellrichtung in die korrekte Position geschoben. Die Unterlage wird eingekammert und der Sattel wird vorsichtig gegurtet. Auf ein zu schnelles und strammes Angurten wird das Pferd mit Abwehr oder Angst reagieren, und schnell manifestiert sich so ein lebenslanger Gurt- oder Sattelzwang, weil das Pferd grundsätzlich mit dem Satteln eine unangenehme Erfahrung verbindet.
Wenn ein Pferd plötzlich sein Verhalten ändert und beim Aufsatteln die Ohren anlegt, mit dem Kopf schlägt oder ausweicht, sollten unbedingt der Sattelgurt, die Sattelunterlage und vor allen Dingen der Sattel überprüft werden.

Punktuelle Druckstellen

Punktuelle Druckstellen können zum Beispiel durch Fremdkörper in Satteldecken oder Pads verursacht werden. Vorstehende Nägel oder Schrauben im Auflagebereich des Sattels können ertastet werden. Bei einigen Westernsätteln sind die Skirts von unten genagelt. Die Nägel können sich nach einiger Zeit lösen, stehen hervor und drücken in den Pferderücken.

Punktuelle Beulenbildung

Vereinzelte punktuelle Beulen in der Sattellage, die sich nach dem Reiten bilden, sind oft ein Zeichen für entzündete Talgdrüsen oder Haarbälge. Der Entzündungsprozess wird beim Reiten zusätzlich durch den

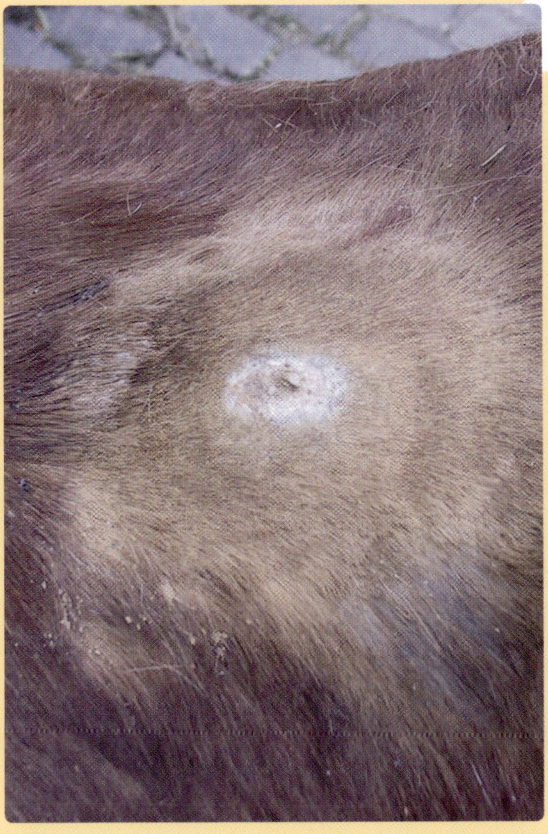

Entzündete Talgdrüsen oder Warzen in der Sattellage sind schmerzhaft – eine Behandlung durch einen Tierarzt ist hier dringend erforderlich. (Foto: Rieser)

Schweiß aktiviert. Die Beulen verschwinden relativ schnell wieder nach dem Reiten, treten aber bei erneuter Belastung wieder auf. Um genauer zu analysieren, woher die Beulenbildung kommt, sollte ein Tierarzt zurate gezogen werden.

Einseitige Druckstellen

Für einseitige Druckstellen gibt es viele mögliche Ursachen: asymmetrischer Pferderücken, schiefer Sattel, ungleiche Polsterung, asymmetrische Gurtungsposition, ungleiche Bügellänge, einseitige Belastung durch den Reiter, unterschiedliches Gangwerk oder unterschiedliche Rückenaktivität des Pferdes, einseitige Verspannungen, ungleiche Gewichtsverteilung des Gepäcks, einseitige Belastung durch unsachgemäßes Mitführen eines Handpferdes. Oft ist es die Kombination mehrerer Ursachen, die zu dieser Art von Druckstellen führt.

Empfindlichkeiten und Schwellungen in der Sattellage

Zu Schwellungen in der Sattellage kommt es häufig nach langen Ritten auf nicht entsprechend trainierten Pferden. Hinzu kommt dann meistens, dass auch der Reiter immer schlapper und nachlässiger wird und nicht mehr auf seinen korrekten Sitz achtet. Eine Sonderstellung nimmt der Entlastungsdruck ein: Wenn der Reiter nach längeren Ritten absteigt und sofort absattelt, ändern sich abrupt die Druckverhältnisse im Gewebe des Pferderückens, plötzlich dringen mehr Flüssigkeit und Blut ein – auch so können Schwellungen entstehen. Um dies zu verhindern, sollte man den Sattel nach einem längeren Wanderritt stufenweise alle zehn Minuten allmählich immer mehr lösen. Wenn trotzdem Druckschwellungen entstehen, ist sofortiges Kühlen mit Wasser und Schwamm erforderlich.

Widerristfistel

Oberhalb der Dornfortsätze des zweiten und dritten Brustwirbels liegt der Widerristschleimbeutel. Durch stramm sitzende Sattelunterlagen oder drückende Sättel kann er sich entzünden, anschwellen und im Extremfall zu einer Fistel werden, wenn eitrige Flüssigkeit nach außen aufbricht.

Widerristfisteln sind zwar selten, aber außerordentlich schmerzhaft, und die Heilung gestaltet sich schwierig.

Nässende Haut und offene Druckstellen

Bei einer offenen Druckstelle muss sofort ein Tierarzt hinzugezogen werden, keinesfalls darf weiter geritten werden. Ursachenforschung ist angesagt.

Wundscheuern und Schwellungen in der Gurtlage

Vor allem bei empfindlichen, jungen und untrainierten Pferden treten Wunden und Schwellungen in der Gurtlage auf, da sich die Haut bei ihnen noch nicht auf die Belastungen eingestellt hat. Ebenso kann ein Wundscheuern außerhalb der eigentlichen Gurtlage auftreten, wenn Pferdeschweiß und Verschmutzungen in Hautfalten reiben. Ungünstige Gurtlagen verschärfen die Problematik. Auch zu stark angezogene Sattelgurte können zu schmerzhaften Schwellungen im Gurtbereich führen. Vereinzelt kann beobachtet werden, dass sich Pferde im Bereich der Gurtlage wund laufen, ohne dass sie einen Sattelgurt tragen. Das Pferd hat sich im übertragenen Sinne einen „Wolf gelaufen".

Diese Scheuerstelle ist durch die zu tief sitzende Schnalle entstanden. (Foto: Slawik)

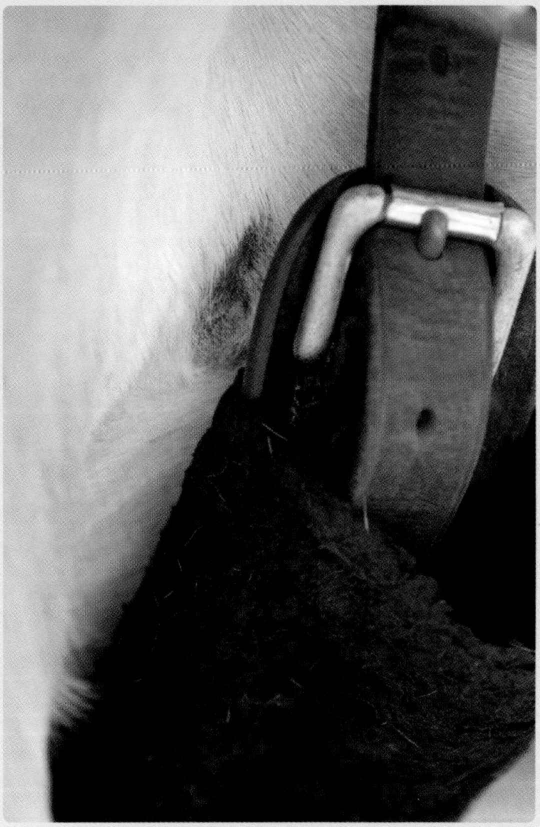

Beulenbildung auf der Wirbelsäule

Bei einer Beulenbildung auf der Wirbelsäule sollte umgehend ein Tierarzt hinzugezogen werden. Der Sattel darf dort auf keinen Fall Druck erzeugen. Man sollte nicht reiten, bevor die Ursachen abgeklärt sind. Leider weisen viele Sättel im Wirbelsäulenbereich nicht genügend Freiheit nach oben und zur Seite auf – entweder dadurch, dass der Wirbelsäulenkanal zu schmal ist, oder durch Flechtungen der Skirts, die auf die Dornfortsätze drücken.

Trockene Stellen

Trockene Stellen, die nach dem Reiten direkt hinter dem Schulterblattbereich auftreten, sollten beobachtet werden, auch wenn sie nicht unbedingt ein Anzeichen für einen nicht passenden Sattel sind. (siehe Seite 87). Sie können, müssen aber nicht ein Zeichen für eine zu hohe Druckbelastung sein, wie es zum Beispiel im Bereich hinter dem Schulterblatt durch zu strammes Angurten auch bei einem passenden Sattel entstehen kann. Im Zweifelsfall sollte eine Überprüfung der Passform des Sattels erfolgen.

Eine Aufsteighilfe schont den Rücken des Pferdes und sorgt dafür, dass der Sattel nicht zur Seite rutscht. (Foto: Bosse)

Abdruck der Gurtlage

Zeichnet sich die Gurtlage als Abdruck seitlich am Pferdekörper deutlich ab, wurde der Sattel zu stramm gegurtet. Flächiger Druck hinter dem Schulterbereich wird ebenfalls durch zu strammes Gurten verursacht.

Gerade bei „tonnigen“ Pferden (rundrippig, kaum Widerrist) sind viele Reiter geneigt, den Gurt übermäßig stramm anzuziehen, damit der Sattel nicht zur Seite rutscht. Verhindern lässt sich dies gerade beim Aufsteigen dadurch aber nicht – die Nutzung einer Aufsteighilfe ist (nicht nur bei diesen Pferden) die bessere Alternative, um die Lage des Sattels nicht zu verschieben und den Rücken des Pferdes zu schonen.

Haarbruch im Lendenwirbelbereich

Haarbruch beim Sommerfell ist ein deutliches Warnsignal. Hier muss überprüft werden, warum der

Nicht nur die Haare sind gebrochen, sondern der Lendenbereich ist komplett kahl gescheuert – ein weiteres Reiten mit der unpassenden Ausrüstung verbietet sich! (Foto: Rieser)

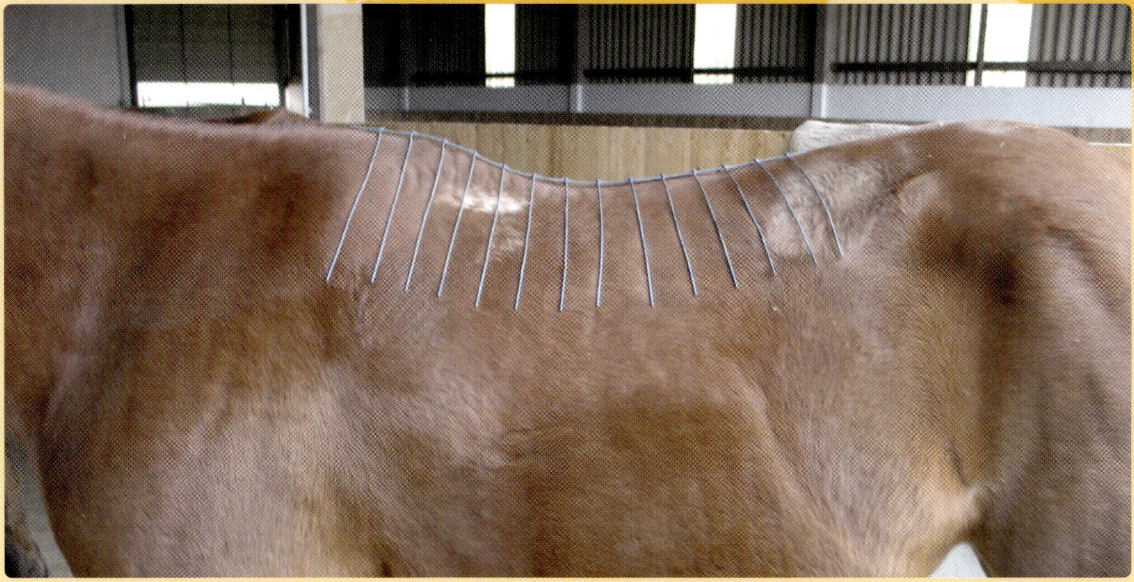

Deutliche Druckstellen und Haarbruch: Hier ist zwingend eine Überprüfung des Sattels erforderlich. (Foto: Rieser)

Scheuereffekt auftritt. Die Haare des Winterfells sind länger, dichter und haben eine andere Struktur. Durch die Bewegung des Pferdes verzahnen sie sich mit der Sattelunterlage und können abbrechen. Auch wenn der Sattel im Lendenwirbelbereich genügend ausgestellt ist, kann das Problem des Haarbruchs beim Winterfell auftreten.

Bei Pferden mit gewölbter Oberlinie wird die Hüftbewegung stärker übertragen und kann ebenfalls bewegungsbedingten Haarbruch zur Folge haben. Dieses Problem ist auch durch einen Maßsattel in einigen Fällen nicht zu beheben. Häufig tritt der Haarbruch auch außerhalb der Sattellage auf. Es ist unbedingt zu überprüfen, ob der Haarbruch rein bewegungsbedingt oder passformbedingt auftritt. Die Fingerprobe vom Sattel aus oder die Überprüfung mit dem Messgerippe verschaffen Klarheit.

Gewelltes oder gekraustes Haar in der Sattellage sollte hingegen nicht überbewertet werden. Diese Erscheinung ist rein bewegungsbedingt und sagt nichts über die Passform eines Sattels aus.

Häufige Gründe für Satteldruck

- Stark verschmutze Sattelunterlagen
- Zu dünne oder zu dicke Sattelunterlagen
- Sattelunterlagen, die nicht anatomisch geschnitten sind
- Zu große oder zu kleine Sattelunterlagen
- Zu kleine Auflagefläche des Sattels im Verhältnis zum Reitergewicht
- Überbelastung oder asymmetrische Belastung mit Gepäck
- Extrem vorlastige Reiterposition
- Ungünstige Bügelriemenposition
- Überfordertes Pferd mit schlechter Rückenmuskulatur
- Stark prellende Einwirkung eines ungeübten Reiters auf den Pferderücken
- Reiten des Pferdes mit weggedrücktem Rücken, angespanntem Unterhals und hoher Kopfhaltung
- Überbelastung eines nicht ausreichend vorbereiteten Pferdes oder Reiters
- Schief sitzender Reiter, der sein Pferd ungleich belastet

Leder ist ein Naturmaterial und braucht für seine Langlebigkeit regelmäßige Pflege. (Foto: Lenz)

Qualität und Lederpflege sind Pferdeschutz

Leder ist und bleibt das traditionelle Material zur Herstellung von Sattel und Zaumzeug. Eine hohe Qualität schlägt sich deutlich im Preis nieder, ist aber für das Wohlbefinden des Pferdes von erheblicher Bedeutung. Billiges Leder wird schnell rissig und hart, führt bei Pferd (und Mensch) zu Scheuerstellen und stellt auch ein Sicherheitsrisiko dar.

Die Qualität des Leders lässt sich für einen Laien nur schwer einschätzen und am besten im direkten Vergleich beurteilen. Sehr minderwertiges Leder (Importware) ist auch an einem strengen, urinähnlichen Geruch zu erkennen.

Bei einem billigen Sattel wird immer minderwertiges Leder verarbeitet sein. Schon allein die Einkaufskosten für hochwertiges Leder, aus dem ein individueller Sattel gefertigt wird, übersteigen deutlich den Verkaufspreis eines komplett industriell gefertigten Sattels.

Besonders dickes Leder ist nicht zwingend besonders gutes Leder. Bei hochwertigen Sätteln ist das Leder egalisiert, also in seiner Stärke absolut gleichmäßig. Ungleich dicke Fender oder Sitzseitenteile sind damit ausgeschlossen. Ein individuell arbeitender Sattler wählt den Zuschnitt symmetrisch und geschickt aus, denn auch gleich dicke Teile, die aus unterschiedlichen Bereichen geschnitten wurden, können sich ungleich verhalten, da sie zum Beispiel verschieden weich und flexibel sind. Allein dies kann dazu führen, dass das Reitgefühl beeinträchtigt wird und die Hilfengebung unterschiedlich beim Pferd ankommt.

Als natürliches Material bedarf das Leder wie die menschliche Haut der Pflege. Die Lebensdauer des Sattels wird durch regelmäßige Pflege deutlich verlängert, wobei ein zu sparsamer Pflegemitteleinsatz ebenso schaden kann wie eine zu gut gemeinte Pflege. Die Pflegeintervalle hängen im Wesentlichen von der Beanspruchung des Sattels, der Verschmutzung und der Witterung ab, denen der Sattel ausgesetzt ist. Nässe kann insbesondere in Verbindung mit Bewegung Öl und Fettstoffe aus dem Leder verdrängen. Nach dem Trocknen ist dann ein stärkeres Nachölen oder Nachfetten erforderlich. Nach dem Reiten sollte mit einem feuchten Schwamm der Pferdeschweiß vom Leder entfernt werden.

Die Pflegemittel

Lederreinigungsmittel sind Sattel- oder Lederseife, die mit einem weichen Schwamm oder Lappen mit lauwarmem Wasser verwendet werden. Jeder Sattel sollte auf diese Weise vor der eigentlichen Pflege gründlich von Schmutz und Pferdeschweiß gereinigt werden.

Lederweichmachermittel sind Lederöl und Lederfett. Sie besitzen verschiedene Eigenschaften, mit denen sie gezielt die Beschaffenheit und den Weichheitsgrad des Leders beeinflussen können.

Öl dringt tief in das Leder ein und macht es flexibel. Das Leder darf aber nicht mit Öl durchtränkt werden, da es sonst schwammig wird und an Festigkeit verliert. Auf keinen Fall dürfen mit Glattleder (Nappa) oder Rauleder (Velourspalt, Wildleder) gepolsterte Sattelsitze und Pauschen geölt werden, da diese weichen Leider durch zusätzliches Ölen geschädigt und schwammig werden. Nach dem Einölen empfiehlt es sich, die Lederteile leicht mit der Hand zu durchwalken. Das Öl zieht dann schneller ein und verteilt sich besser. Auch die Skirts sollten nicht zu stark geölt werden, damit die größere Festigkeit des Leders, und somit die Tragfähigkeit, erhalten bleibt. Wenn das Leder den gewünschten Griff an Festigkeit und Geschmeidigkeit hat, wird der Sattel nicht mehr weiter geölt. Lederfett dringt aufgrund seiner festeren Konsistenz nicht so tief in das Leder ein. Es ist geeignet, den weichen und geschmeidigen Zustand des Leders zu erhalten. Die Rückseite des Leders kann ebenfalls eingefettet werden. Auf keinen Fall dürfen Sattel oder Zaumzeug mit heißem Öl, Fett oder Wasser behandelt werden – Hitze zerstört die Struktur des Leders und macht es brüchig.

Zum Abschluss des Pflegeprogramms wird der Oberflächenschutz aufgetragen. Bewährt haben sich Bienenwachsprodukte und Ledermilch. Falsch verstandener Oberflächenschutz ist die Anwendung versiegelnder Sprays oder transparenten „Sattellacks“, da Lacke die Oberfläche des Leders versiegeln und kein Fett und Öl mehr eindringen lassen.

Bleibt Lederöl auf der Oberfläche des Leders stehen, so ist das Leder appretiert oder lackiert. Vom Kauf eines so behandelten Sattels ist abzuraten.

Pferdeschweiß und mechanische Abnutzung

Pferdeschweiß wirkt auf Leder sehr aggressiv und schädigend ein und macht es brüchig. Alle Lederteile des Sattels wie Unterblätter, Fender oder Gurtungsriemen, die mit dem Pferdekörper in Kontakt kommen, müssen besonders gepflegt werden.

Nach dem Reiten sollte der Schweiß sofort gründlich von allen Lederteilen mit einem feuchten Schwamm entfernt werden. Die Lebensdauer erhöht sich durch diese Reinigung und Pflege deutlich.

Sämtliche am Sattel befestigten Gurtungsriemen sind trotz guter Pflege Verschleißteile, die auch schon bei kleineren Schädigungen ausgetauscht werden sollten.

Dort, wo das Leder besonderen mechanischen Belastungen ausgesetzt ist – zum Beispiel im Bereich der Beinlage – zeigen sich am ehesten Abnutzungserscheinungen. Hier sollte der Sattel öfter gefettet werden. Staub, der beim Reiten auf sandigen Böden aufgewirbelt wird, verstärkt diesen Abrieb durch eine Art Schmirgelpapiereffekt. Sitzseitenteile, Fender und Bügelriemen sollten auch auf der Rückseite gut gereinigt und gefettet werden.

Durch Schweiß und mangelnde Pflege brüchig gewordenes Leder ist nicht mehr regenerationsfähig. (Foto: Lenz)

Zehn-Punkte-Checkliste für die Sattelpassform beim Pferd

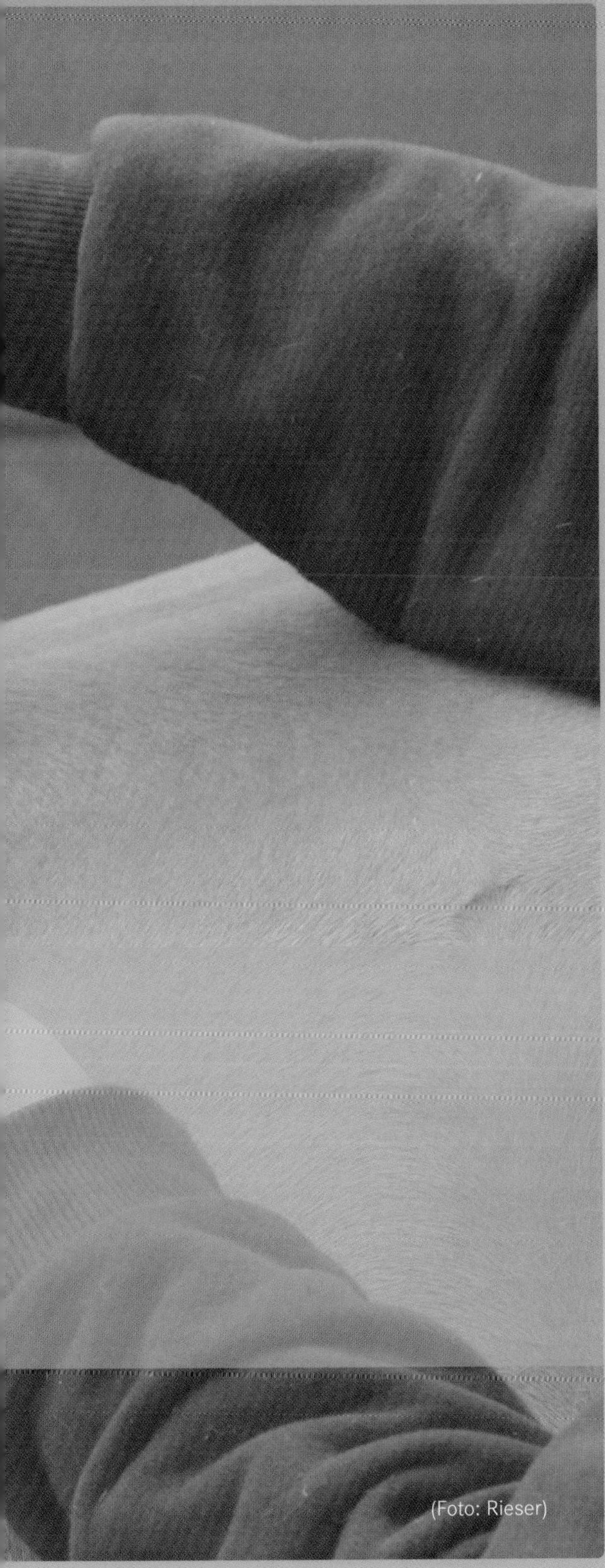

(Foto: Rieser)

Für die Beurteilung der Sattelpassform sollte das Pferd auf einer ebenen Fläche stehen und alle vier Beine gleichmäßig belasten sowie Hals und Kopf gerade und in mittlerer Höhe halten, damit die gesamte Wirbelsäule gerade gerichtet ist. Ein Helfer ist nötig, der das Pferd hält und die korrekte Haltung überprüft.

Bei der Fingerprobe werden die Finger bis maximal zur Hälfte der Fingerlänge unter den zu prüfenden Sattelbereich geschoben. Steht man neben dem Pferd, kann man die Finger der einen Hand unter den Sattel schieben, während man mit der zweiten Hand den Sattel von oben auf das Pferd drückt. Die Fingerprobe lässt sich auch im Sattel sitzend durchführen, indem man sowohl zwischen Sattelunterlage und Pferd als auch zwischen Sattelunterlage und Sattel den Druck erfühlt. Wenn schon bei der Fingerprobe im Stand die Finger gequetscht werden, wird es für das Pferd in der Bewegung erst recht unangenehm.

Zur Kontrolle der Schulterfreiheit schiebt man die Finger maximal zur Hälfte ihrer Länge unter den Sattel. (Foto: Rieser)

1. Schulterfreiheit

Werden die Finger beim Unterschieben unter den Sattel im Schulterblattbereich gequetscht, dann fehlt es an Schulterfreiheit. Kann man die Finger locker im Schulterbereich unter dem Sattel bewegen, so ist die Schulterfreiheit zu groß.

2. Widerristfreiheit

Der Reiter sollte die Widerristfreiheit nur unter Reitergewicht mit entsprechendem Pad oder Sattelunterlage prüfen. Man fasst von oben unter die Fork oder in die Kammer des Sattels, als wolle man ihn vorn anheben. Werden die Finger gequetscht oder kommen sie erst gar nicht unter diesen Bereich, so ist die Widerristfreiheit nach oben nicht gewährleistet. In diesem Fall ist unbedingt eine höhere Kammer In der Bewegung darf der Sattel auf keinen Fall mit den Dornfortsätzen in Berührung kommen.

Wird bei einem schmalen und hohen Widerrist ein Sattel mit schmalem Kammerbereich eingesetzt, liegt er zwar nicht mehr auf dem Widerrist, quetscht aber den seitlichen Bereich ein und ist zu eng.

3. Lendenwirbelfreiheit

Werden die Finger beim Unterschieben unter den Sattel in diesem Bereich gequetscht, so wird der Sattel dort erst recht unter Reitergewicht einen zu starken Druck ausüben. Im gegurteten Zustand stehen passende Sättel häufig im Lendenbereich zu weit vom Pferderücken ab. Unter Reitergewicht nimmt der Sattel seine richtige Lage ein. Ein Sattel, der im gegurteten Zustand im Lendenwirbelbereich „schön anliegt“, quetscht unter Reitergewicht am Sattelende. Auch dies sollte von oben im Sattel sitzend mit der Fingerprobe überprüft werden.

4. Wirbelsäulenfreiheit

Die Wirbelsäulenfreiheit muss unter der kompletten Sattellänge gewährleistet sein – nicht nur nach oben, sondern auch seitlich. Bei herkömmlichen Sätteln mit Polsterung sollte der Wirbelsäulenkanal mindestens sechs bis acht Zentimeter breit und von vorn oder hinten vollständig zu sehen sein. Die Kissen sollten parallel zur Wirbelsäule verlaufen. Beim seitlichen Biegen des Pferdes kann man sehen, ob die Kissen im hinteren Bereich des Sattels an die Dornfortsätze stoßen. In diesem Fall ist der Wirbelsäulenkanal des Sattels zu schmal. Allein das Eigengewicht des Sattels macht nicht erkennbar, ob der Sattel in der Mitte richtig liegt. Eine Überprüfung mit dem Messgerippe ist zwingend erforderlich.

Bei Westernsätteln gelten die gleichen Kriterien, wobei die Skirts die seitliche Wirbelsäulenfreiheit optisch nicht erkennen lassen. Im mittleren Bereich der Skirtenden, genau auf den Dornfortsätzen, befinden sich häufig Flechtungen, die stark drücken. Dies kann mit der Fingerprobe (siehe Foto Seite 126) festgestellt werden.

5. Wölbung des Sattels in Längsachse

Die korrekte Wölbung des Sattels in der Längsachse ist am schwierigsten zu beurteilen. Sie lässt sich nicht durch Unterschieben der Hand erfühlen. Auch der sich

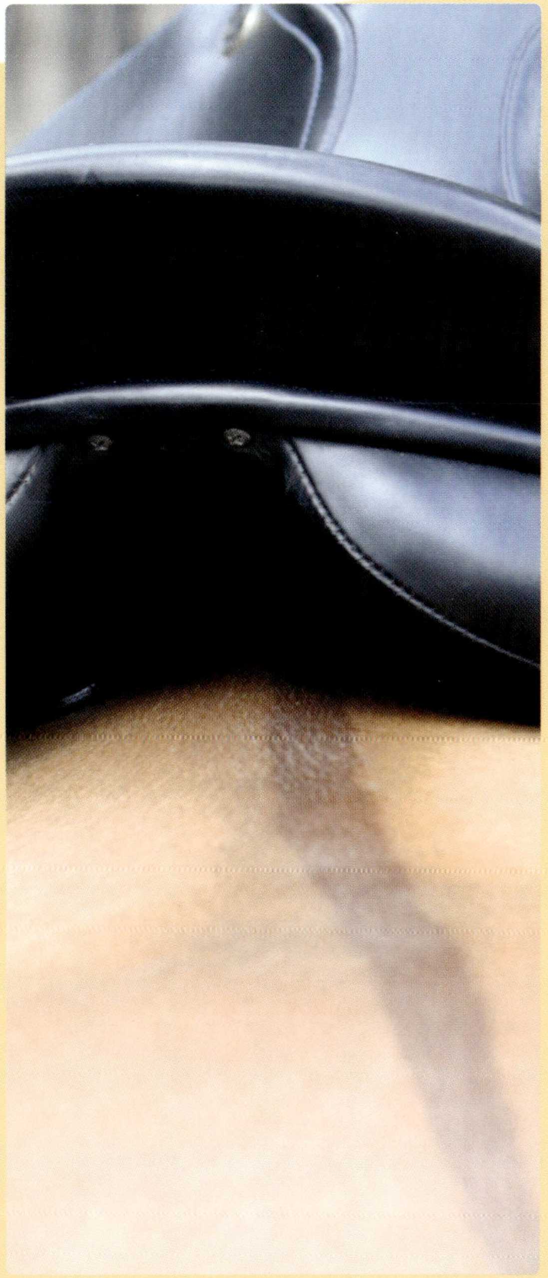

Trotz der starken Biegung nach rechts ist die seitliche Wirbelsäulenfreiheit hier ausreichend gegeben. (Foto: Rieser)

Mit der Fingerprobe kann man testen, ob die Flechtungen im mittleren Bereich der Skirtenden auf die Dornfortsätze drücken. (Foto: Rieser)

durch Benutzung abzeichnende Abrieb auf Sattelunterlagen oder weißen Tüchern, die unter dem Sattel gelegen haben, spiegelt die tatsächliche Auflagefläche nicht wider. Die korrekte Auflage im mittleren Bereich des Sattels lässt sich nur mit dem Messgerippe oder per Computermessung sichtbar machen.

Drückt der Sattel im Schulter- und Lendenbereich, so liegt die Vermutung nahe, dass der Sattel im mittleren Bereich hohl liegt (Brückenbildung).

6. Seitliche Winkelung im Schulter- und Widerristbereich

Betrachtet man den Sattel schräg von vorn, sollte die Winkelung des Sattels mit der des Pferdes übereinstimmen. Ist der Sattel vorn zu flach oder weit gewinkelt, kommt es zu Quetschungen neben dem Widerrist. Ist die Winkelung zu steil und eng, drückt der Sattel an den Ortspitzen oder Trachtenenden. Das Pferd läuft „klemmig“, und die Muskulatur wird im unteren Bereich des Sattels gequetscht. Beim Biegen des Pferdes bohrt sich der Sattel deutlich in die Muskulatur.

Das Messgerippe zeigt deutlich, dass dieser Sattel im mittleren Bereich hohl liegt. (Foto: Rieser)

7. Seitliche Winkelung und Wölbung im Rippenbereich

Betrachtet man den Sattel schräg von hinten, sollte man darauf achten, dass die Auflagefläche des Sattels parallel zur Wölbung und Winkelung der Rippen des Pferdes verläuft. Ist die Winkelung zu flach, reduziert sich die Auflagefläche auf die Rippen, und der Druck seitlich der Wirbelsäule erhöht sich. Das Pferd kann dies mit einem Wegdrücken des Rückens quittieren. Ist die Winkelung zu steil, liegt der Sattel seitlich mehr auf den Rippen, und das Pferd lässt sich schlecht biegen.

Die korrekte Winkelung lässt sich im mittleren Sattelbereich nur mit dem Messgerippe kontrollieren.

8. Gesamtlänge des Sattels

Ein herkömmlicher Sattel mit normaler Sitzlänge wird kaum einem Pferd zu lang sein. Sättel mit Skirts oder größerer Polsterung können mit entsprechender Freiheit problemlos auch in den Lendenwirbelbereich laufen. Hier muss genau überprüft werden, wo sich das Sattelbaumende befindet und wie viel Flexibilität der Sattel noch hinter dem Sattelbaum in Richtung

Lendenwirbel hat. Die Skirts sollten nicht unnötig groß sein und zu der Pferdegröße und der Rückenlänge passen. Skirts, die beim Biegen des Pferdes an die Hüfthöcker stoßen, sind definitiv zu lang. Einige Pferde fühlen sich durch seitlich tief nach unten gezogene oder durch sehr feste und unflexible Skirts regelrecht eingerahmt und behindert. Sie verweigern seitliches Biegen oder bieten sich hierfür nur sehr schwer an.

9. Gurtlage und Ellenbogenfreiheit des Pferdes

Da sich die erforderliche Gurtungsposition abhängig vom Futter- und Trainingszustand des Pferdes ändert, ist eine variable Gurtungsart am Sattel immer sinnvoll. Rutscht der Sattel in der Bewegung nach vorn auf das Schulterblatt, so kann das auch an der Gurtungsposition und dem Unterlinienverlauf des Pferdes liegen. Einige Reiter satteln auf der Schulter in der Hoffnung, der Sattel möge in der Bewegung hoffentlich nach hinten hinter das Schulterblatt rutschen.

Ein Sattel auf einem runden, kräftigen Pferderücken lässt sich nicht besonders gut befestigen. Ein konischer Rumpf mit dickem Bauch ist ebenfalls problematisch. Der Gurt wird in der Bewegung immer an die schmalste Stelle des Pferdes rutschen. Leider lässt sich der Gurt nicht aus diesem für die Bewegung des Ellenbogens gefährdeten Bereich rücken und der allgemeine Hinweis, der Sattelgurt solle eine Handbreit hinter dem Ellenbogen liegen, funktioniert in der Praxis oft nicht.

Rutscht der Sattelgurt aufgrund der Ausformung des Pferdekörpers in Richtung Ellenbogen, kann mit einer V-Verschnallung eine deutliche Besserung herbeigeführt werden. Außerdem hat sich ein weicher Sattelgurt (Schaffell oder Kodelvließ), der sich durch die Bewegung des Pferdes im Ellenbogenbereich „einrollt", in solchen Fällen bewährt. Ein im Ellenbogenbereich schmaler geschnittener Sattelgurt erfüllt ebenfalls seinen Zweck.

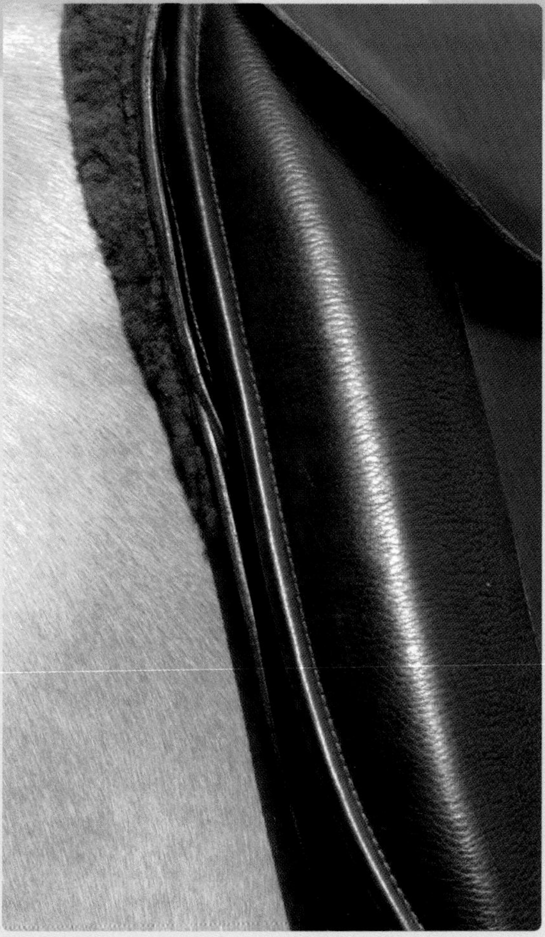

Diese Sattelform stimmt mit dem Schulterblattverlauf überein. (Foto: Lenz)

10. Polsterung und Sattelunterlage

Polster und Sattelunterlage stellen die weiche Pufferzone zwischen dem tragfähigen Sattelbaum und den

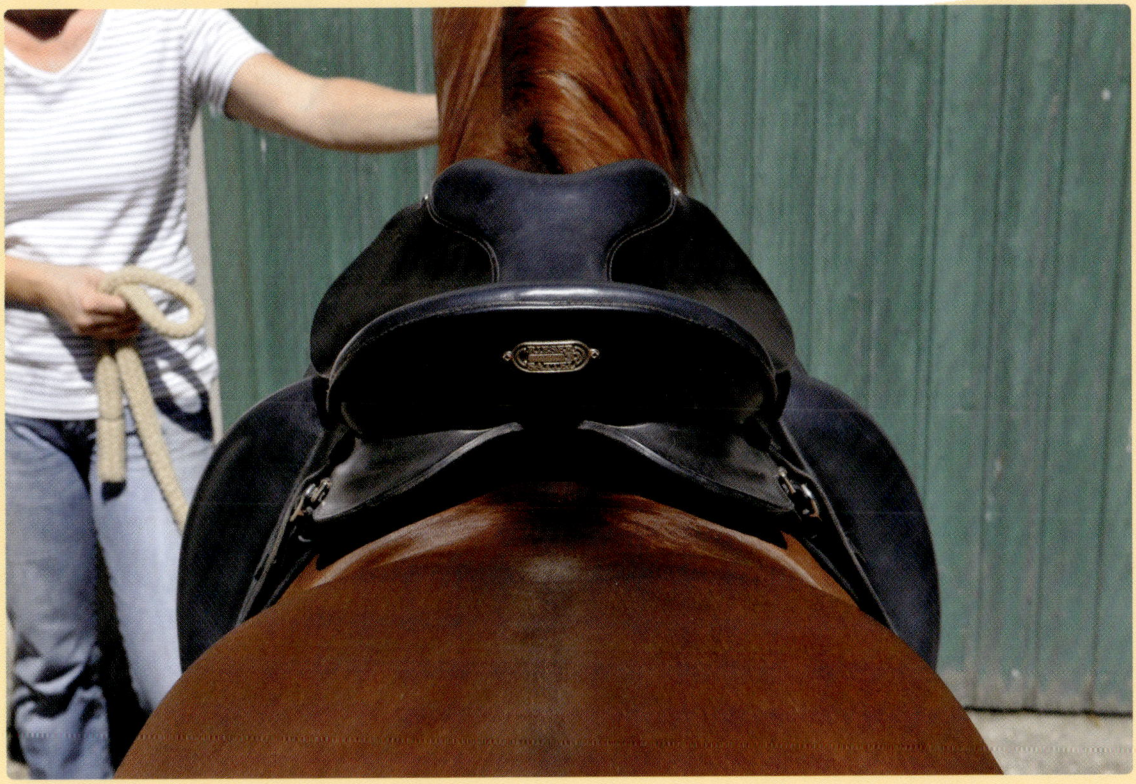

Die Polsterung verläuft parallel zur Rippenwölbung des Pferdes.
(Foto: Lenz)

Bewegungen des Pferdes dar. Sättel mit zu hart gepolsterten Kissen sind unbrauchbar.

Die Kissen sollten parallel verlaufen und für die Biegung des Pferdes genügend Platz bieten. Kissen, die zu eng zueinanderstehen, bieten nicht die erforderliche Wirbelsäulenfreiheit. Um zu überprüfen, ob der Wirbelsäulenkanal breit genug ist, sollten Sie das gesattelte Pferd vom Boden aus biegen (siehe Punkt 4.).

Bei Sätteln, deren Kissen vorn weit auseinanderlaufen, verengt sich der Wirbelsäulenkanal nach hinten. Der Sattel kann hierdurch vorn abtauchen und das Reitergewicht verstärkt auf die Schulter beziehungsweise die Vorhand des Pferdes bringen.

Eine gute Polsterung ist gleichmäßig, läuft parallel mit breitem Wirbelsäulenkanal und weist flächige Kissen auf. Negative Zeichen sind die Bildung von Beulen, ein asymmetrischer Polsterverlauf, schiefe Kissen und eine stark gerundete Polsterung. Die Polsterung sollte sich homogen gleichmäßig und weich anfühlen. Dies gilt auch für Sattelpads oder Padkombinationen, die die geforderte Polsterung bei Sätteln mit Skirts herstellen. Es gibt keine Satteluntarlage, die einen nicht passenden Sattel passend macht. Versuche, die mangelnde Passform eines Sattels über Pads oder Unterlagen zu optimieren, werden immer scheitern. Das Geld hierfür kann man sich sparen.

Zehn-Punkte-Checkliste für den Sattelsitz des Reiters

(Foto: Rieser)

Zur Einschätzung des idealen Sattelsitzes sollte der Reiter unbedingt die Erfahrungen berücksichtigen, die er mit verschiedenen Sätteln gemacht hat. Notizen über die Sitzlänge, Sitzhöhe und Sitzweite der gerittenen Sättel helfen weiter. Aber auch hinsichtlich der Seitenblattlänge und -form sowie der Stärke und Positionierung der Pauschen gibt es individuell unterschiedliche Vorlieben. Man wird die Sättel am besten selbst mit einem Zentimetermaß nachmessen und Skizzen anfertigen, auf denen man die Maße einträgt. Fotos der Sattelfavoriten können bei der Sattelsuche sehr hilfreich sein.

Den Abstand, den ein Sattel zwischen Reiter und Pferd verursacht, kann man messen, um eine Vergleichsgröße bei unterschiedlichen Sätteln zu haben. (Foto: Lenz)

1. Der Tiefpunkt des Sattels auf dem Pferd

Um ein klares Bild zu bekommen, wo der Sattel den Reiter positioniert, sollte das Pferd geschlossen auf einer ebenen Fläche stehen. Durch seitliches Betrachten des Sitzprofils kann man den tiefsten Punkt im Sattelsitz feststellen. Hier liegt der Tiefpunkt des Sattels.

Auch der Abstand zwischen Reiter und Pferd, der durch den Sattel entsteht, ist ein wichtiges Kriterium.

Grundsätzlich sollte der Reiter bei allen Reitweisen so nah wie möglich an den Pferderücken platziert werden. Im Idealfall muss er das Gefühl haben, er sitze „im Pferd". Andernfalls thront er über dem Pferd, dessen Bewegungen dann nur verzögert ankommen und sich in schnelleren Gangarten regelrecht aufschaukeln, sodass es dem Reiter nicht möglich ist, ihnen harmonisch zu folgen.

Ebenfalls wichtig dafür, ob der Reiter mit den dynamischen Bewegungen des Pferdes mitgehen kann, ist das Sitzprofil des Sattels. Ein gerades, ebenes Sitzprofil lässt einem erfahrenen Reiter mehr Bewegungsspielraum, wird bei einem ungeübten Reiter aber zu einem unsicheren Gefühl führen. Ein Sattel mit geradem, nach vorn ansteigendem Sitzprofil ist unreitbar, da die Bewegung nach vorn stark gestoppt wird und somit prellend auf das Pferd wirkt. Ein gerundetes Sitzprofil mit genügender Tiefe hat sich als ideal herausgestellt.

Sitzposition zu weit vorn

Ist die Sitzposition zu weit vorn, hat man das Gefühl, bergab zu reiten. Selbst bei korrekter Passform der Sattelunterseite führt dies zur Überbelastung der Vordergliedmaßen und des Schulterblattes. Das Pferd

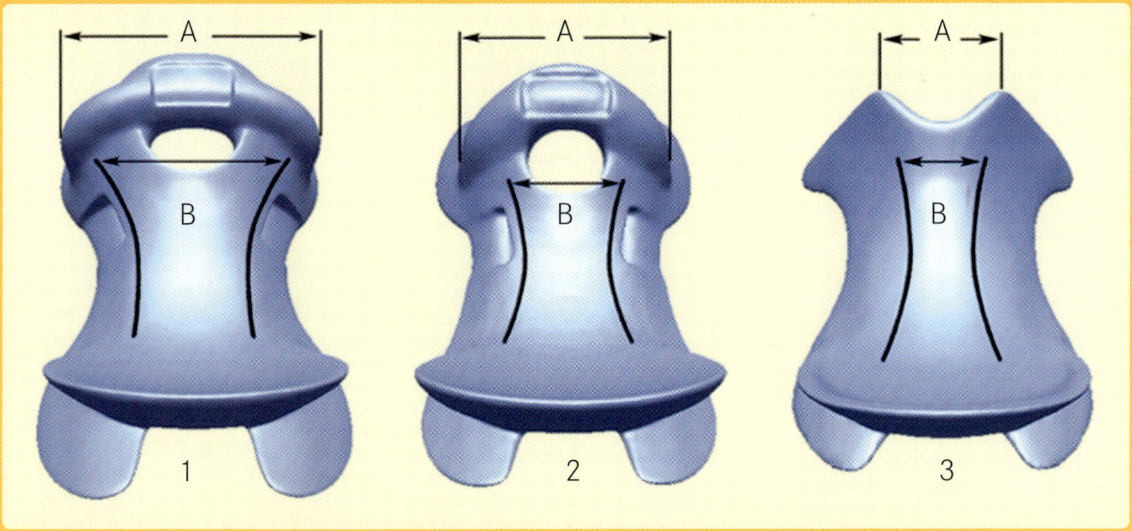

1. Die Breite der Fork (A) macht sich auch in der Sitzausformung im vorderen Bereich des Sitzes (B) bemerkbar. Ein sich nach vorn verbreitender Sitz bietet eine gewisse Oberschenkelführung und positioniert das Bein weiter hinten. Die schmalere Fork in Bild 2 bewirkt auch eine schmalere Sitzausformung. Schlanken Reitern bietet der schmale Sitz zu wenig Führung.
Bei einem herkömmlichen Sattel (Bild 3) ist die Ausbildung des Vorderzwiesels am schmalsten. Der Reiter wird deutlich mehr nach vorn platziert. (Grafik: Rieser)

entwickelt keine raumgreifenden Bewegungen, verkürzt die Schritte, wird sich nicht willig biegen, kann stolpern, lässt sich nur schwer versammeln und ermüdet schneller.

Sitzposition zu weit hinten

In diesem Fall hat man das Gefühl, das Pferd zu sehr vor sich zu haben, und der Lendenwirbelbereich des Pferdes wird überlastet. Der Sitz lässt sich vom Reiter nur schwer ausbalancieren, die Füße werden nach vorn gestemmt (Stuhlsitz). Diese Zwangshaltung verhindert, dass der Reiter locker dem Bewegungsablauf des Pferdes folgen kann. Das Pferd wird mit Verspannungen und/oder einem Wegdrücken des Rückens reagieren, seine Muskulatur ermüdet vorzeitig. Auf diese Weise kann sich kein Schwung entwickeln.

Sitzposition mittig oder leicht hinter der Mitte

Bei einer mittigen Sitzpositionierung fühlt sich der Sitz ausgewogen und balanciert an. So wird das Reitergewicht bestmöglich verteilt und der Reiter kann mit fein dosierter Hilfengebung einwirken. Der Tiefpunkt des Sattels befindet sich im Idealfall über dem Schwerpunkt des Pferdes.

2. Die seitliche Sitzausformung

Von oben betrachtet sollte die Sitzform eine Ausmuldung für die Oberschenkel haben, die sogenannte Taillierung. Viele Westernsättel schneiden hier schlecht ab, da die Taillierung zuweilen völlig fehlt oder nur mangelhaft ist. Solche Sättel drücken innen am Oberschenkel und stören die Durchblutung des Reiterbeins. Bei längeren Ritten wird der Reiter den Fuß aus dem Bügel nehmen und sein Bein bewegen. Nun findet wieder eine Durchblutung der Muskulatur statt und der Sitz wird wieder für eine gewisse Zeit erträglich.

Durch eine breite Fork kann sich die Sitzausformung nach vorn verbreitern und eine Oberschenkelführung bilden. Bei einer A-Fork und einem herkömmlichen Sattel ist der seitliche Sitzverlauf nach vorn relativ gerade. Dieser Verlauf lässt einem stärkeren Oberschenkel mehr Platz.

3. Die Sitzbreite im mittleren Bereich

Die Sitzbreite im mittleren Bereich des Sattels spiegelt die Pferderückenform wider. Auf einem breiten Pferd sitzt der Reiter gespreizter als auf einem schmalen Pferd. Ebenso kann der Sitz durch einen hohen Widerrist des Pferdes stark ansteigen, was sowohl für Männer als auch für Frauen unangenehm sein kann: Männer können sich die Hoden quetschen, Frauen können Probleme im Schambeinbereich bekommen. Es ist nicht verwunderlich, dass einige Männer und Frauen mit dem Reiten aus diesen Gründen aufhören. Die Reitstunde mit übergeschlagenen Bügeln wird zur reinen Tortur, der Spaßfaktor bleibt verständlicherweise völlig auf der Strecke. Viele Reiter verschweigen dieses „unangenehme" Problem, obwohl es keineswegs unlösbar ist. So kann der Sitz des Sattels entsprechend flach, breit oder weich gestaltet werden. Es gibt sogar Sättel, deren Sitz komplett durchbrochen ist, um das Wohlbefinden des Reiters zu sichern.

Je schmaler der Sitz des Sattels ist, desto mehr können Sitzbeinhöcker und Schambeinbereich in Mitleidenschaft gezogen werden. Je breiter der Sitz ist, desto mehr Gewicht verteilt sich auf die Oberschenkel – ein solcher Sitz ist deshalb für lange Ritte besser geeignet, während eine schmale Sitzfläche dem

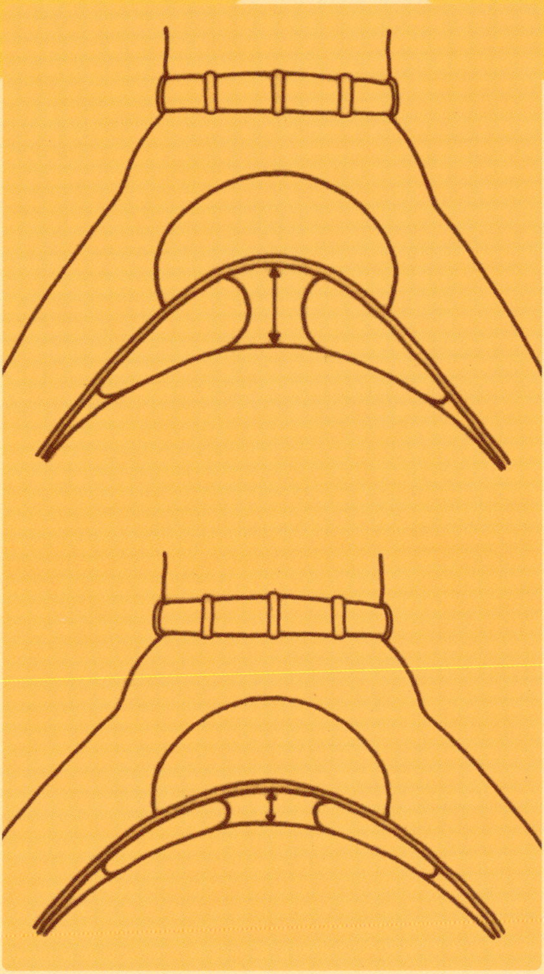

Die Winkelung des Sitzprofils wird umso schmaler, je höher sich die Grundsitzpositionierung über dem Pferderücken befindet. (Zeichnung: Rieser)

Sättel mit kompletten Aussparungen in der Mitte erhöhen in einigen Fällen den Sitzkomfort. (Foto: Rieser)

Reiter hilft, den korrekten Dressursitz einzunehmen. Das Gefühl für die Sitzbreite wird jedoch vor allem von der Pferderückenform geprägt, und manche Reiter möchten auf ihrem breiten Pferd im Sitz nicht so stark gespreizt werden. Damit ein entsprechender Sattel, der automatisch eine höhere Sitzposition mit sich bringt, auf einem runden Pferd nicht seitlich rutscht, ist es bei der Sattelwahl notwendig, einen Kompromiss zwischen Pferderückennähe und Sitzbreite zu finden.

4. Die Sitzhärte

Es gibt Sättel mit ungepolstertem Sitz. Bei Westernsätteln wird diese Art als Hardseat bezeichnet, der allerdings nicht zwingend unangenehm für den Reiter sein muss. Entscheidend ist vielmehr die Sitzausformung: Lässt der Sitz den Reiter großflächig sitzen, ist der Hartseat auch über längere Strecken angenehm.

Der gepolsterte Sattelsitz kann mit Rau- oder Glattleder bezogen sein. Rauleder zerkratzt weniger leicht und bietet deutlich mehr Haftung – sogar so viel, dass beim Reiten mit einer Lederhose oder einer Hose mit Gesäßbesatz aus Leder ein nachteiliger Effekt eintritt: Die Hose klebt beim Reiten am Sattel, während der Reiter in der Hose rutscht und sich möglicherweise wund scheuert. Glattleder lässt sich besser pflegen und wasserdicht imprägnieren, ist aber auch empfindlicher.

Die passende Stärke und Beschaffenheit der Sitzpolsterung wird durch Probesitzen ermittelt. Für Personen mit wenig Sitzfleisch auf den Sitzbeinhöckern sollte der Sitz möglichst weich gepolstert sein. Die Sitzbeinhöcker können sich so in die Polsterung bohren und erfahren eine enorme Entlastung.

Bei der Stärke der Polsterung macht sich jeder Millimeter bemerkbar – durchaus vergleichbar einer dünneren oder dickeren Schuheinlage. Besonders weich ist der sogenannte Softseat, der ausgefräste Vertiefungen in der Sitzschale hat, die zusätzlich stärker gepolstert sind.

5. Die Sitzlänge

Die Sitzlänge bemisst sich nach dem Abstand von Vorder- und Hinterzwiesel sowie der Ausformung der Sitzmulde. Einheitliche Messpunkte gibt es jedoch nicht, sodass sich unterschiedliche Maßangaben über die Sitzlänge finden. Besonders deutlich wird das beim Vergleich von Englisch- und Westernsattel: So entspricht ein 17-Zoll-Englischsattel etwa einem Westernsattel mit einer Sitzlänge von 15,5 Zoll. Bei einigen Sätteln wird nicht die Sitzlänge, sondern das Sattelbaummaß angegeben. Hier ist zu bedenken, dass der Sitz durch die Polsterung und den Aufbau kürzer wird. Um die Sitzlänge vergleichen zu können, sollten Sie die für Sie infrage kommenden Sättel am besten selbst nach einem eigenen Schema nachmessen.

Das für jeden Reiter individuelle Sitzgefühl bezüglich der Sitzlänge ändert sich mit zunehmendem Ausbildungsstand. Der Einsteiger wird sich in einem Sattel mit kleiner Sitzlänge immer sicherer fühlen. Mit zunehmender Balance und harmonischerem Gefühl für die Bewegungen des Pferdes beansprucht der Reiter allmählich mehr Bewegungsfreiheit für seine Sitzpositionierung. Ein sehr langer Sitz lässt viel Bewegungsfreiheit zu, gibt dem Reiter aber wenig Führung.

Bei kleinen Pferden sollte man darauf achten, den Sattelsitz nicht unnötig lang zu wählen, um eine Überlastung im Lendenwirbelbereich zu vermeiden. Andersherum lässt ein kurzer Sitz auf einem großrahmigen Pferd den Reiter stärker auf der Vorhand sitzen. Beachten Sie unbedingt den Zusammenhang zwischen Sitzlänge und Sitzpositionierung des Sattels (Punkt 1., Seite 132).

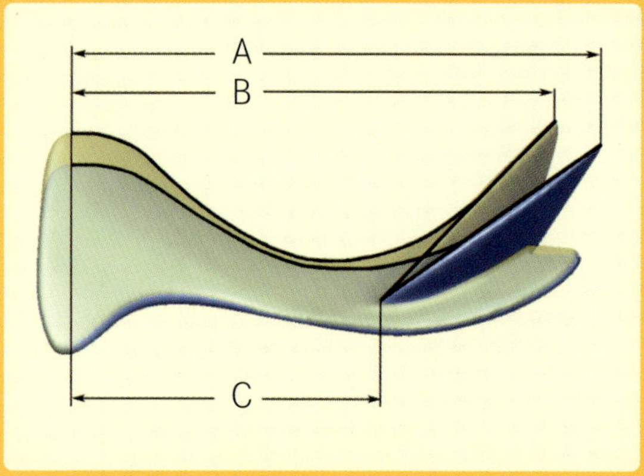

Je flacher der Hinterzwiesel gewinkelt ist, umso größer wird die Sitzlängenangabe (A), während eine steilere Winkelung des Hinterzwiesels die Sitzlänge verkürzt (B). Die Sitzlänge im Oberschenkelbereich (C) variiert dabei nicht unbedingt. (Grafik: Rieser)

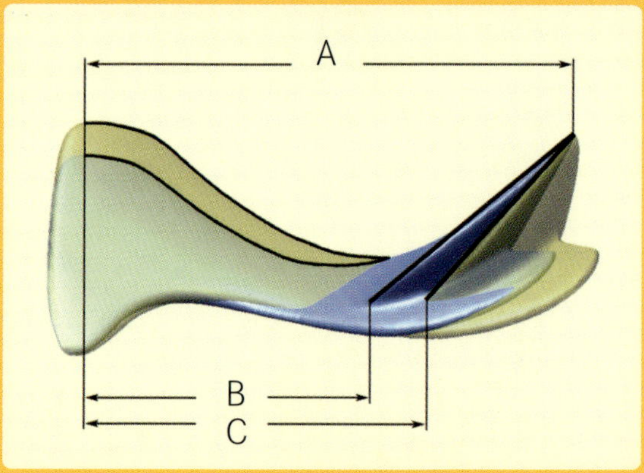

Dieses Beispiel zeigt, dass die Sitzlänge (A) je nach Konstruktion auch gleich bleiben kann, während die Sitzlänge im Oberschenkelbereich je nach Winkelung des Hinterzwiesels kürzer (B) oder länger (C) wird. (Grafik: Rieser)

6. Sitzwinkelung und Ausmuldung des Hinterzwiesels

Die gefühlte Sitzlänge wird sehr stark von der Sitzwinkelung und der Ausmuldung des Hinterzwiesels beeinflusst. Je steiler diese Winkelung ist, desto mehr Freiheit erhält der Oberschenkel. Eine stärkere Ausmuldung des Hinterzwiesels ergibt ebenfalls mehr „gefühlte" Sitzlänge. Ist die Winkelung des Sitzes zu flach, sitzt der Reiter punktuell mit dem Oberschenkel auf dem Hinterzwieselansatz. Hinter dem Gesäß des Reiters ist dann viel Platz bis zur „Sitzkante" (siehe Bild Seite 52). Ist die Winkelung zu steil, wird der Reiter zu stark in die Bewegung des Pferdes mitgenommen. Er kann seinen Sitz nicht ausgleichen und ausbalancieren. Ein steiler Sitz ohne Ausmuldung kippt das Becken nach vorn und bringt den Reiter leicht ins Hohlkreuz.

Die Sitzbreite des Hinterzwiesels sollte zur Beckenbreite und zum Hinterteil des Reiters passen. Wie wichtig die Ausformung und Sitzpositionierung des Reiters im Sattel ist, machen die Ausführungen von Seite 50 bis Seite 52 deutlich.

7. Seitenblatt und Fender

Grundsätzlich sollte bei der Auswahl des Satteltyps schon die Entscheidung zwischen Fender oder Sattelblatt gefallen sein (siehe auch ab Seite 46). Die

Ob Seitenblatt (unten) oder Fender (Seite 137 oben links): Entscheidend ist, dass sie zur Länge des Reiterbeins passend konstruiert sind. (Foto: Lenz)

Formpauschen können entweder auf dem Oberblatt ... (Foto: Rieser)

... oder auch auf dem Unterblatt angebracht sein. Das Oberblatt ist in diesem Fall mit weicher Oberpausche versehen, um dem Knie mehr Komfort zu bieten. (Foto: Lenz)

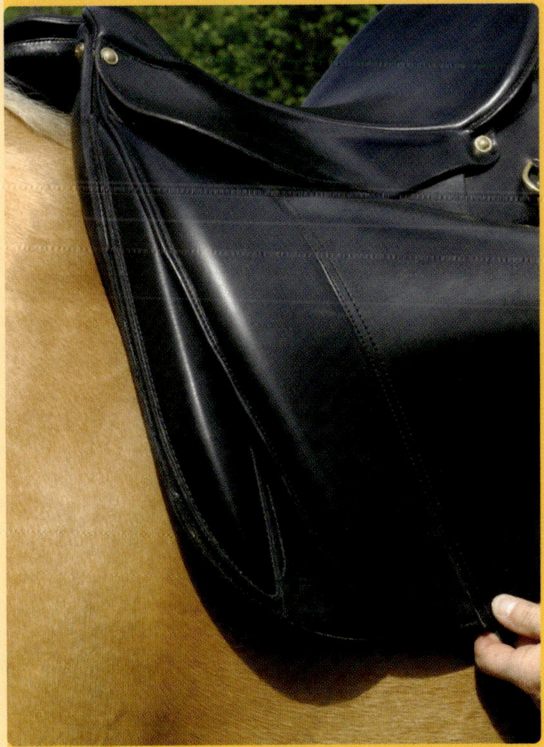

Seitenblätter oder die Fender sollten eine optimale Auflagefläche bieten, indem sie passend zur Beinlänge und der gewünschten Bügelriemenlänge gewählt werden – dies kann je nach Reitstil und Reitweise variieren. Die erforderliche Länge des Sattelblatts richtet sich auch nach Stiefellänge und Reitkleidung. Das Sattelblatt sollte auf keinen Fall in Höhe des Stiefelschafts enden, da sich beide sonst ständig verhaken können.

8. Pauschen

Pauschen, die auf dem Oberblatt oder dem Unterblatt angebracht sein können, dienen der sicheren Führung und dem unterstützenden Halt für die gewünschte Knie- und Beinlage. Sie sollen die Beine jedoch nicht in eine Zwangshaltung bringen. Jeder Reiter muss selbst seinen Anspruch definieren und genau herausfinden, welche Pauschen in Stärke und Ausformung ihm angenehm sind. Dabei ist vor allem auf die richtige Einstellung der Bügelriemenlänge zu achten. Die Oberschenkellänge sowie die Kniewinkelung ergeben dann die exakte Positionierung.

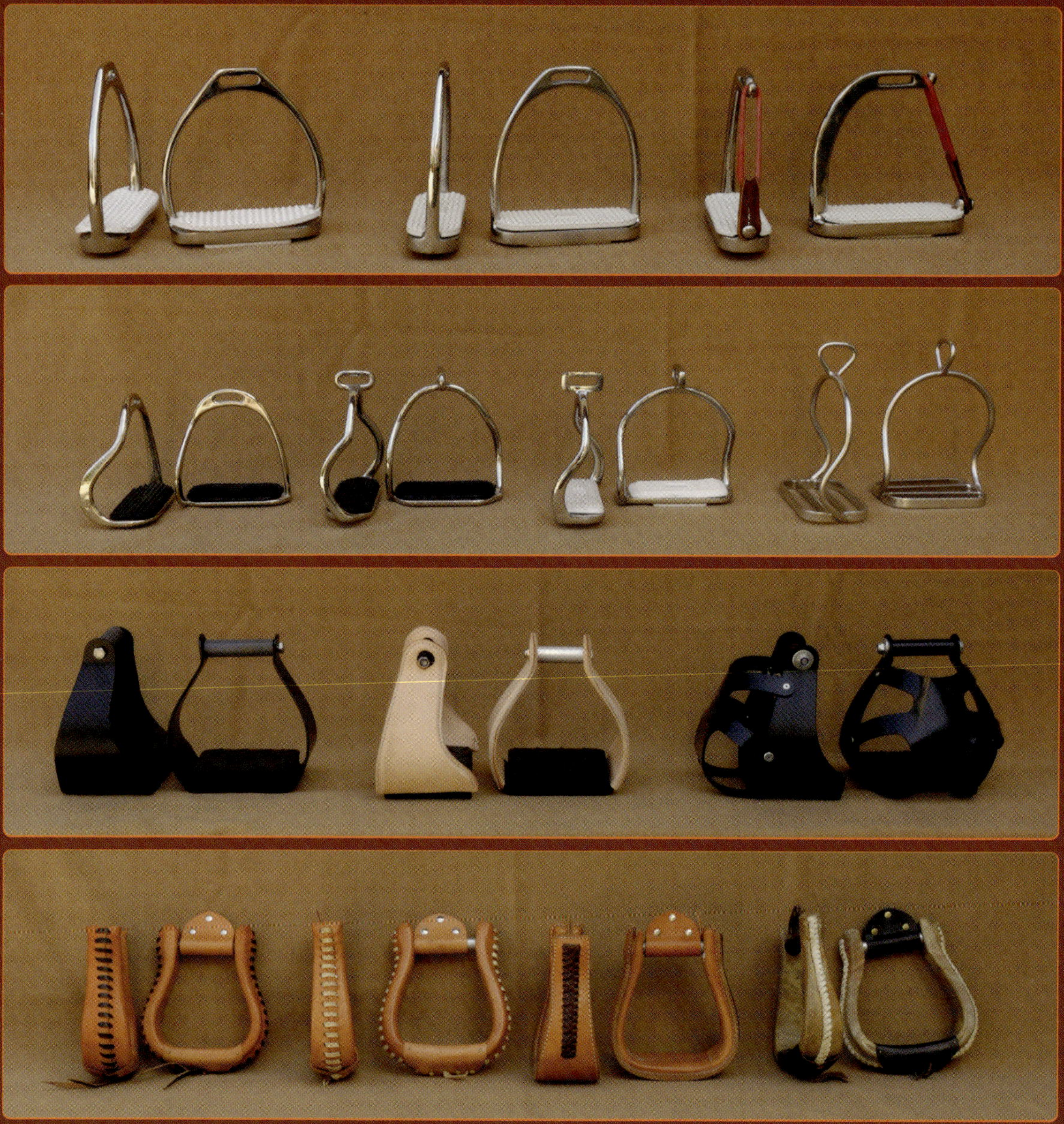

Die Typenvielfalt bei den Steigbügeln ist riesig. (Fotos: Lenz)

9. Steigbügel

Die Steigbügel sind Teile des Sattels, die sich leicht austauschen lassen. Die Steigbügelarten, -formen und -größen sind äußerst vielfältig in ihrer Ausführung. Manche Satteltypen sind mit dem dazugehörigen Steigbügeltyp ausgestattet. Bei der Steigbügelprobe, die man immer mit Reitschuhen oder -stiefeln vornimmt, sollte man ein gutes Gefühl bezüglich der Trittbreite und Bügelweite haben.

Reitet man mit Wanderschuhen, so ist darauf zu achten, dass genügend Platz auch nach oben im Bügel ist, damit nicht die Gefahr besteht, im Bügel hängen zu bleiben.

Ein fester Haltebügel bietet zum Beispiel bei Englischsätteln mehr Sicherheit als ein einfacher Halteriemen. (Foto: Rieser)

10. Sicherheitsempfinden

Reiten ist keine ganz ungefährliche Sportart, und ein gutes Sicherheitsgefühl im Sattel ist einer der Faktoren dafür, dass man locker auf dem Pferd sitzen und jederzeit der Situation entsprechend reagieren kann.

Die Erfordernisse für dieses Gefühl muss jeder Reiter für sich selbst definieren. Der eine Reiter fühlt sich zum Beispiel in einem Sattel total sicher, der ihn im Sitz einrahmt und fixiert, während ein anderer Reiter diese Einengung als beängstigend empfindet.

An einen neuen Sattel muss sich der Reiter erst einmal gewöhnen. Speziell dann, wenn der Satteltyp gewechselt wird, kann man nach einer gewissen Einreitzeit deutliche Unterschiede in der Empfindung feststellen. So ist für viele der Umstieg von einem herkömmlichen Englischsattel auf einen Westernsattel gewöhnungsbedürftig. Ist er korrekt angepasst, bietet er dem Reiter viel Sicherheit – ein wesentlicher Grund für die starke Verbreitung des Westernsattels in Europa.

Was das Horn des Westernsattels bietet – die Möglichkeit, sich im Bedarfsfall festzuhalten –, kann bei herkömmlichen Sätteln die am Vorderzwiesel angebrachte Riemenschlaufe („Mariahilf-Riemen") übernehmen. Besser noch ist ein fester Haltebügel, da man ihn schneller und sicherer mit der Hand greifen kann als den Riemen, der auf dem Hals und eventuell in der Mähne versteckt liegt.

Auch die Steigbügel und ihre Aufhängungen sind bei der gefühlten und der tatsächlichen Sicherheit beim Reiten zu berücksichtigen. Die Sicherheitsverschlüsse am Steigbügel (Sturzfedern) haben die Aufgabe, sich bei einem Sturz des Reiters zu öffnen und den Bügelriemen freizugeben. Der Reiter kann hierdurch nicht mit dem Bügel am Sattel hängen bleiben und vom Pferd mitgeschleift werden.

Die Sturzfedern sollten sich leicht öffnen lassen. Dies kann man überprüfen, indem man versucht, den Bügelriemen nach hinten vom Schloss zu ziehen. Ist dies nicht oder nur mit hohem Kraftaufwand möglich, wird der Bügelriemen im Notfall nicht freigegeben. In manchen Fällen hilft es, die Mechanik zu ölen. Bei einigen Sätteln liegen die Sturzfedern allerdings so tief im Leder, dass ein Abstreifen des Bügelriemens generell unmöglich ist.

Die Steigbügel sollten den Fuß im Bügel nicht einklemmen, müssen also der Schuhgröße entsprechend breit sein. Der Fuß muss sich locker im Bügel bewegen können. Korbbügel oder Bügel mit Tapaderos verhindern ein Durchrutschen und Hängenbleiben des Fußes.

Korbbügel verhindern, dass der Fuß tief durch den Steigbügel hindurchrutscht. (Foto: Lenz)

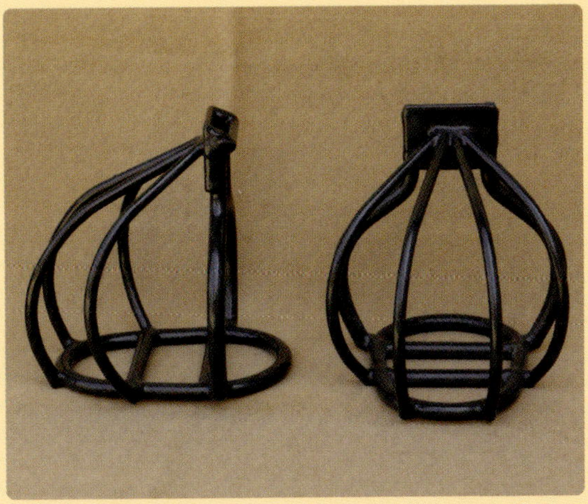

Tipps zum Sattelkauf

1. Legen Sie den Einsatzbereich des Sattels fest: Springen, Dressur, Distanzreiten, Freizeit, Wanderritt ... Abstimmungen auf mehrere Bereiche sind möglich und von Vorteil, da der ambitionierte Freizeitreiter einen Sattel mit möglichst vielseitigem Einsatzgebiet benötigt.

2. Informieren Sie sich ausführlich auf Messen und Seminaren über Sattelangebote. Eignen Sie sich Fachwissen an und hinterfragen Sie die verschiedenen Konzepte der Hersteller.

3. Fragen Sie bei Reiterkollegen nach deren Erfahrungen bezüglich der Kompetenz verschiedener Anbieter.

4. Achten Sie auf die angebotene Modell- und Passformvielfalt der einzelnen Anbieter.

5. Vergleichen Sie Preis und Service – Qualität gibt es nicht als Schnäppchen.

6. Wählen Sie ein Sattelkonzept, bei dem sich die Passform des Sattels nachträglich ändern lässt.

7. Achten Sie auf die Vorgehensweise der einzelnen Anbieter beim Maßnehmen.

8. Klären Sie den Ablauf und Änderungsmöglichkeiten für den Fall, dass der Sattel später nicht mehr passt.

9. Sattelanbieter mit einer Fachwerkstatt, in der Satteländerungen sofort durchgeführt werden können, bieten klare Vorteile.

10. Bei Garantiezusagen hinterfragen Sie genau die Ansprüche. „Passformgarantie" ist ein nettes Wort, doch ein solches Versprechen kann kein Sattler oder Händler längerfristig einhalten.

11. Klären Sie, wie berechtigte Reklamationen behandelt und in welchem Zeitraum sie abgewickelt werden.

12. Wählen Sie einen seriösen, kompetenten und leistungsstarken Sattelhändler oder Sattler aus.

13. Besteht die Möglichkeit, einen Sattel für eine Woche oder auch länger auszuprobieren? Zu welchen Konditionen wird der Sattel zurückgenommen, wenn kein Auftrag oder Sattelkauf zustande kommt?

14. Wird ein gebrauchter Sattel in Zahlung genommen?

15. Beachten Sie den Wiederverkaufswert eines Sattels, indem Sie den Markt beobachten oder sich beim Händler beziehungsweise Sattler gezielt erkundigen.

Wenn Sie diese 15 Tipps zum Kauf Ihres Sattels beachten und den Service sowie die Leistungsfähigkeit einzelner Anbieter hinterfragen, ersparen Sie sich viel Ärger und finanzielle Verluste. Die Tipps können Sie in einer Art Checkliste zusammenstellen, um dann Noten oder Plus- und Minuspunkte zu vergeben. Sie werden dann sicher einen geeigneten Anbieter oder Sattler für sich und Ihr Pferd finden.

Register

CADMOS PFERDEBÜCHER

Dr. med. vet. Erich Kotzab

Über die Biegung und Versammlung des Pferdes

Biegung, Versammlung, Kreuzhilfe – altvertraute Begriffe, die doch allzu oft zu Verständnisproblemen zwischen Reitern und Pferden führen. Auf der Basis bewegungsphysiologischer Gesetzmäßigkeiten wird in diesem Buch aufgezeigt, was der Partner Pferd aufgrund seiner körperlichen Voraussetzungen überhaupt leisten kann. Die gewonnenen Erkenntnisse bieten revolutionäre Erklärungen und Lösungen für Reiter, Turnierrichter, Trainer und Tierärzte – zum Wohle des Pferdes.

144 Seiten · farbig · gebunden
ISBN 978-386127-436-0

Anke Rüsbüldt

Mein Pferd ist krank – was tun?

Dieses unentbehrliche Handbuch informiert umfassend über die wichtigsten Krankheiten bei Pferden. Der Leser erfährt, wie er typische Symptome richtig einordnet, welche Schritte im Ernstfall einzuleiten sind und was man tun kann, um das eigene Pferd gesund zu erhalten.

144 Seiten · farbig · gebunden
ISBN 978-386127-454-4

Horst Becker

Das athletische Pferd

Wenn bei der Dressurausbildung Probleme auftreten, wird nach dem „Warum" leider nur selten gefragt. Genau dieser Frage geht Horst Becker in diesem Buch nach – und zeigt Lösungswege auf, mit denen die Stärken eines Pferdes gezielt gefördert und seine Schwächen sanft und effektiv korrigiert werden können. Besonderen Wert legt der Autor dabei auf die Erkenntnisse der Anatomie, Physiologie und Bewegungsmechanik des Pferdes, auf Vertrauensbildung und konsequenten Gewaltverzicht.

144 Seiten · farbig · gebunden
ISBN 978-386127-442-1

Dirk Willem Rosie

Dressurpferde in Bewegung

Das Spitzendressurpferd: Worin unterscheidet es sich von den vielen guten, aber dennoch „durchschnittlichen" Pferden im Viereck? Wie wird ein Pferd zum Sieger in einem Sport, in dem jede kleinste Bewegung zählt? Dieses Buch zeigt detailliert und wissenschaftlich untermauert auf, welchen Einfluss Körperbau, Bewegungspotenzial und Charakter des Pferdes auf seine Leistungen im Dressursport haben – ein unverzichtbares Werk für Züchter, Reiter und Trainer.

128 Seiten · farbig · gebunden
ISBN 978-386127-426-1

Renate Ettl

Lehrbuch Westernreiten

Die Westernreitweise lebt von der Vielfalt ihrer Disziplinen und Ausbildungswege. Dennoch braucht man einheitliche Kriterien, um die Leistungen bei Prüfungen und Schulungen fair bewerten zu können. Dieses Buch liefert hierzu das komplette Wissen und zeigt einen logischen Weg für eine fundierte Ausbildung des Westernreiters und eine artgerechte Schulung seines Pferdes auf. Es bietet damit eine sinnvolle Orientierung, ohne die Individualität der Westernreitweise einzuschränken.

208 Seiten · farbig · gebunden
ISBN 978-386127-439-1

Lübker/Irgang

Pferdefütterung nach Maß

Pferdehalter sind angesichts der angebotenen Futtermittelvielfalt oft verunsichert, was wirklich gut für ihr Pferd ist. Eine nicht angepasste Ernährung führt bei dem empfindlichen Lebewesen Pferd nicht selten zu schweren Erkrankungen. Dieses Buch bringt Ordnung in den Wirrwarr verschiedenster Informationen und leitet zu einer bedarfsgerechten Fütterung an, um das eigene Pferd gesund und leistungsfähig zu erhalten.

144 Seiten · farbig · gebunden
ISBN 978-386127-450-6

Renate Ettl

Praktische Pferdemassage

Eine Massage ist mehr als Wellness fürs Pferd. Bei richtiger Durchführung kann sie effektiv Verspannungen aufspüren und lösen, das Leistungsvermögen steigern und das Vertrauen zwischen Mensch und Pferd stärken. Auf der Grundlage verständlicher Beschreibungen von Anatomie und Physiologie des Pferdes stellt dieses Buch leicht nachvollziehbare und sehr wirksame Massagetechniken vor.

96 Seiten · farbig · broschiert
ISBN 978-386127-519-0

Cadmos Verlag GmbH · Im Dorfe 11 · 22946 Brunsbek
Tel. 04107 8517-0 · Fax 04107 8517-12
Besuchen Sie uns im Internet: **www.cadmos.de**

CADMOS